周玉姣◎编著

从零开始学

达芬奇

视频调色

剪辑+校色+美颜+降噪+特效

北京大学出版社

PEKING UNIVERSITY PRESS

内 容 提 要

不会视频调色的新手，后期如何调出电影级的各种网红色调？不会达芬奇软件操作，如何从零开始轻松学会达芬奇视频调色？本书通过9章内容讲解，帮助您一本精通达芬奇！

本书具体内容包括熟悉DaVinci Resolve软件、熟悉剪辑与编辑操作方法、对画面进行一级校色、对局部进行二级校色、对人像视频进行美颜、制作视频的滤镜特效、制作视频的转场特效、制作视频的字幕特效及制作年度总结视频《韵美长沙》等，帮助大家快速掌握达芬奇的操作方法，调出电影级的网红色调。

本书结构清晰、语言简洁，适合视频拍摄者、视频调色爱好者、达芬奇软件学习者，以及影视工作人员、电视台工作人员等阅读。相信达芬奇的初、中级用户阅读后也会有一定的收获。

图书在版编目(CIP)数据

从零开始学达芬奇视频调色：剪辑+校色+美颜+降噪+特效 / 周玉姣编著. — 北京：北京大学出版社，2023.3

ISBN 978–7–301–33629–8

Ⅰ.①从… Ⅱ.①周… Ⅲ.①调色－图像处理软件Ⅳ.①TP391.413

中国版本图书馆CIP数据核字（2022）第229346号

书　　　　名	从零开始学达芬奇视频调色：剪辑+校色+美颜+降噪+特效
	CONG LING KAISHI XUE DAFENQI SHIPIN TIAOSE: JIANJI+JIAOSE+MEIYAN+JIANGZAO+TEXIAO
著 作 责 任 者	周玉姣　编著
责 任 编 辑	王继伟
标 准 书 号	ISBN 978–7–301–33629–8
出 版 发 行	北京大学出版社
地　　　　址	北京市海淀区成府路205号　　100871
网　　　　址	http://www.pup.cn　　新浪微博：@北京大学出版社
电 子 邮 箱	编辑部 pup7@pup.cn　　总编室 zpup@pup.cn
电　　　　话	邮购部 010-62752015　发行部 010-62750672　编辑部 010-62570390
印 刷 者	北京宏伟双华印刷有限公司
经 销 者	新华书店
	787毫米×1092毫米　16开本　12.25印张　370千字
	2023年3月第1版　2025年1月第4次印刷
印　　　　数	10001-13000册
定　　　　价	89.00元

前

Preface

言

2022年4月19日，达芬奇更新到了18版本，版本的更新也带来了更多的新功能，如新增假色显示工具、动画、创建代理文件、音频波形窗口等功能，因此本书的写作契机也就应运而生。

达芬奇是一款著名的调色软件，也是一款集后期制作功能于一身的影视后期处理软件。本书精选出80多个视频案例，用教学视频的方式帮助大家全面了解软件的功能，做到学用结合。希望大家都能举一反三，轻松掌握这些功能，从而调出专属于自己的热门视频效果。

本书包含9章专题内容，包含基础操作、调色及案例等内容。按功能分章节，由基础到进阶，科学排列，大家学完本书，就能基本掌握达芬奇的使用技巧。按功能分章学习也能够帮助大家更快、更好地学习理论，从而调出理想的视频效果。

本书包含80多个全步骤案例教学视频和840多张图片，方便读者深层次地理解书中的内容并执行操作。

本书案例丰富，无论是基础的视频调色还是制作方法，都覆盖齐全。尤其是最后一个专题案例——风景案例会更加专业化，实用性也更强。

▶ 温馨提示 本书采用DaVinci Resolve 18软件编写，请用户一定要使用同版本软件。

直接打开附送下载资源中的项目时，预览窗口中会显示"离线媒体"的提示文字，这是因为每个用户安装的DaVinci Resolve 18软件及素材与效果文件的路径不一致，发生了改变，这属于正常现象，用户只需要将这些素材重新链接素材文件夹中的相应文件，即可成功打开。用户也可以将随书附送的下载资源拷贝到计算机中，需要某个VSP文件时，第一次链接成功后，就将项目文件进行保存或导出，后面打开时就不需要再重新链接了。

如果用户将资源文件下载到计算机中直接打开，则会出现无法打开的情况。此时需要注意，打开附送的素材和效果文件前，需要先将资源文件中的素材和效果全部拷贝到计算机的磁盘中，在文件夹上单击鼠标右键，在弹出的快捷菜单中选择"属性"选项，打开"文件夹属性"对话框，取消选中"只读"复选框，然后再重新通过DaVinci Resolve 18打开素材和效果文件，就可以正常使用文件了。

▶ **资源下载** 本书所涉及的素材文件、结果文件及案例操作视频已上传到百度网盘，供读者下载。请读者用微信扫描右侧二维码，关注微信公众号，输入图书77页的资源下载码，获取下载地址及密码。

资源下载

本书由周玉姣编著，提供视频素材和拍摄帮助的人员还有向小红、燕羽、苏苏、巧慧、徐必文、向秋萍、黄建波及谭俊杰等，在此表示感谢。由于作者知识水平有限，书中难免有错误和疏漏之处，恳请广大读者批评指正，联系微信：2633228153。

目 录

熟悉 DaVinci Resolve 软件

第 1 章

熟悉剪辑与编辑操作方法

第 2 章

第3章 对画面进行一级校色

对局部进行二级校色

第 4 章

制作视频的字幕特效

第 **8** 章

制作年度总结视频《韵美长沙》

第 **9** 章

第 1 章

熟悉 DaVinci Resolve 软件

—— 学习提示 ——

达芬奇是一款专业的视频调色剪辑软件，它的英文名称为 DaVinci Resolve，集视频调色、剪辑、合成、音频及字幕于一身，是常用的视频编辑软件之一。本章将带领读者认识 2022 年最新发布的版本——DaVinci Resolve 18 的功能及面板等内容。

本章重点导航

- 本章重点 1——熟悉 DaVinci Resolve 18 的工作界面
- 本章重点 2——掌握项目文件的基本操作
- 本章重点 3——管理时间线与轨道

熟悉DaVinci Resolve 18的工作界面

DaVinci Resolve是一款集调色功能和专业多轨道剪辑功能于一身的软件，虽然对系统的配置要求较高，但DaVinci Resolve 18有着强大的兼容性，还提供了多种操作工具，包括剪辑、调色、效果、字幕及音频等，是许多剪辑师、调色师都十分青睐的影视后期剪辑软件之一。本节主要介绍DaVinci Resolve 18的工作界面。图1-1所示为DaVinci Resolve 18"剪辑"工作界面。

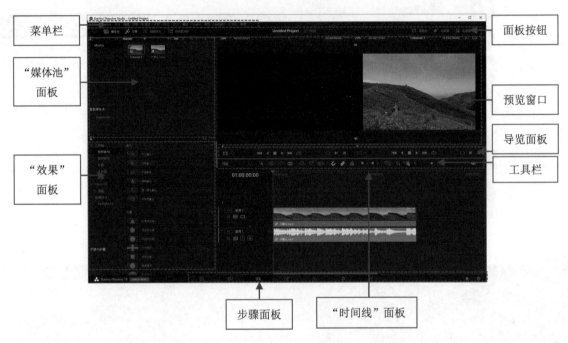

图1-1　DaVinci Resolve 18 "剪辑" 工作界面

1.1.1　熟悉步骤面板

在DaVinci Resolve 18中，一共有7个步骤面板，分别为媒体、快编、剪辑、Fusion、调色、Fairlight及交付，单击相应的标签按钮，即可切换至相应的步骤面板，如图1-2所示。

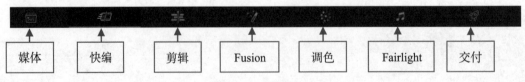

图1-2　步骤面板

1. "媒体"步骤面板

在达芬奇界面下方单击"媒体"按钮■，即可切换至"媒体"步骤面板，在其中可以导入、管理及克隆媒体素材文件，并查看媒体素材的属性信息等。

2. "快编"步骤面板

单击"快编"按钮，即可切换至"快编"步骤面板，该面板是DaVinci Resolve 18新增的一个剪切步骤面板，与"剪辑"步骤面板的功能有些类似，用户可以在其中进行编辑、修剪及添加过渡转场等操作。

3. "剪辑"步骤面板

"剪辑"步骤面板是达芬奇默认打开的工作界面，在其中可以导入媒体素材、创建时间线、剪辑素材、制作字幕、添加滤镜、添加转场、标记素材入点和出点及双屏显示素材画面等。

4. "Fusion"步骤面板

在DaVinci Resolve 18中，"Fusion"步骤面板主要用于动画效果的处理，包括合成、绘图、粒子及字幕动画等，还可以制作出电影级视觉特效和动态图形动画。

5. "调色"步骤面板

DaVinci Resolve 18中的调色系统是该软件的特色功能，在DaVinci Resolve 18工作界面下方的步骤面板中，单击"调色"按钮，即可切换至"调色"步骤面板。在"调色"步骤面板中，提供了Camera Raw、色彩匹配、色轮、RGB混合器、运动特效、曲线、色彩扭曲器、限定器、窗口、跟踪器、神奇遮罩、模糊、键、调整大小及立体等功能面板，用户可以在相应面板中对素材进行色彩调整、一级调色、二级调色和降噪等操作，最大程度地满足用户对影视素材的调色需求。

6. "Fairlight"步骤面板

单击"Fairlight"按钮，即可切换至"Fairlight"（音频）步骤面板，在其中可以根据需要调整音频效果，包括音调匀速校正和变速调整、音频正常化、3D声像移位、混响、嗡嗡声移除、人声通道和齿音消除等。

7. "交付"步骤面板

影片编辑完成后，在"交付"步骤面板中可以进行渲染输出设置，将制作的项目文件输出为MP4、AVI、EXR、IMF等格式的文件。

1.1.2 熟悉媒体池

在DaVinci Resolve 18"剪辑"工作界面的左上角，单击"媒体池"按钮，即可展开"媒体池"面板，如图1-3所示。

在下方的步骤面板中，单击"媒体"按钮，即可切换至"媒体"步骤面板，该面板中的"媒体池"如图1-4所示。两个界面中的"媒体池"是可通用的。

图1-3 "媒体池"面板

图1-4 "媒体"步骤面板中的"媒体池"

1.1.3 熟悉效果

在"剪辑"工作界面的左上角，单击"效果"按钮 ✨ 效果，即可展开"效果"面板，其中为用户提供了视频转场、音频转场、标题、生成器及效果等功能，如图1-5所示。

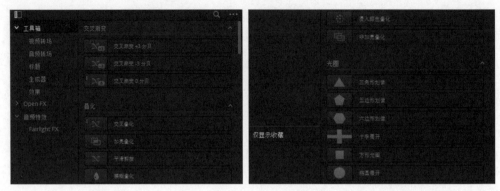

图1-5 "效果"面板

1.1.4 熟悉检视器

在DaVinci Resolve 18"剪辑"工作界面中，单击"检视器"面板右上角的"单检视器模式"按钮■，即可使预览窗口以单屏显示，此时"单检视器模式"按钮转换为"双检视器模式"按钮□□。在系统默认情况下，"检视器"面板的预览窗口以单屏显示，如图1-6所示。

图1-6 "检视器"面板

左侧的屏幕为媒体池素材预览窗口，用户在选择的素材上双击鼠标左键，即可在媒体池素材预览窗口中显示素材画面；右侧的屏幕为时间线效果预览窗口，拖曳时间线滑块，即可在时间线效果预览窗口中显示滑块所至处的素材画面。

在导览面板中，单击相应按钮，用户可以执行变换、裁切、动态缩放、Open FX 叠加、Fusion 叠加、标注、智能重构图、跳到上一个编辑点、倒放、停止、播放、跳到下一个编辑点、循环、匹配帧、标记入点及标记出点等操作。

1.1.5 熟悉时间线

"时间线"面板是 DaVinci Resolve 18 中进行视频、音频编辑的重要工作区之一，在面板中可以轻松实现对素材的剪辑、插入及调整等操作，如图 1-7 所示。

图 1-7 "时间线"面板

1.1.6 熟悉调音台

在 DaVinci Resolve 18 "剪辑"工作界面的右上角，单击"调音台"按钮 调音台 ，即可展开"调音台"面板，在其中可以执行编组音频、调整声像及动态音量等操作，如图 1-8 所示。

1.1.7 熟悉元数据

在"剪辑"工作界面的右上角，单击"元数据"按钮 元数据 ，即可展开"元数据"面板，其中显示了媒体素材的时长、帧数、位深、优先场、数据级别、音频通道及音频位深等数据信息，如图 1-9 所示。

图 1-8 "调音台"面板

图 1-9 "元数据"面板

1.1.8 熟悉检查器

在"剪辑"工作界面的右上角，单击"检查器"按钮 检查器，即可展开"检查器"面板，"检查器"面板的主要作用是针对"时间线"面板中的素材进行基本的处理。图1-10所示为"检查器"|"视频"选项面板，由于"时间线"面板中只置入了一个视频素材，因此面板的上方仅显示了"视频""音频""效果""转场""图像"及"文件"这6个标签，单击相应标签即可打开相应面板。图1-11所示为"检查器"|"音频"选项面板，在打开的面板中，用户可以根据需要设置属性参数，对"时间线"面板中选中的素材进行基本处理。

图1-10 "检查器"|"视频"选项面板

图1-11 "检查器"|"音频"选项面板

1.2 掌握项目文件的基本操作

使用DaVinci Resolve 18编辑影视文件，需要创建一个项目文件才能对视频、照片、音频进行编辑，包括掌握项目文件的基本操作及管理时间线与轨道等基础操作。

1.2.1 新建项目文件

【效果展示】启动DaVinci Resolve 18后，会弹出一个"项目管理器"面板，单击"新建项目"按钮，即可新建一个项目文件。此外，用户还可以在项目文件已创建的情况下，通过"新建项目"命令，创建一个工作项目，效果如图1-12所示。

步骤 01 进入"剪辑"步骤面板，单击"文件"|"新建项目"命令，如图1-13所示。

步骤 02 弹出"新建项目"对话框，在文本框

图1-12 新建项目文件效果

中输入项目名称，单击"创建"按钮，如图 1-14 所示，即可创建项目文件。

图1-13　单击"新建项目"命令

图1-14　单击"创建"按钮

步骤 03　在计算机文件夹中选择需要的素材文件，并将其拖曳至"时间线"面板中，如图 1-15 所示。

步骤 04　添加素材文件，即可自动添加视频轨和音频轨，并在"媒体池"面板中显示添加的媒体素材，如图 1-16 所示，在预览窗口中可以预览添加的素材画面。

图1-15　拖曳至"时间线"面板中

图1-16　显示添加的媒体素材

温馨提示

>>>>>>

　　当用户正在编辑的文件没有进行保存操作时，在新建项目的过程中，会弹出提示信息框，提示用户当前编辑项目未被保存。单击"保存"按钮，即可保存项目文件；单击"不保存"按钮，将不保存项目文件；单击"取消"按钮，将取消项目文件的新建操作。

1.2.2　新建时间线

【效果展示】　在"时间线"面板中，用户可以对添加到视频轨中的素材进行剪辑、分割等操作，除了通过拖曳素材至"时间线"面板新建时间线，还可以通过"媒体池"面板新建一个时间线，效果如图 1-17 所示。

图1-17　新建时间线效果

步骤 01 进入"剪辑"步骤面板，在"媒体池"面板中单击鼠标右键，弹出快捷菜单，选择"时间线"|"新建时间线"选项，如图1-18所示。

步骤 02 弹出"新建时间线"对话框，在"时间线名称"文本框中可以修改时间线名称，单击"创建"按钮，如图1-19所示，即可添加一个时间线。

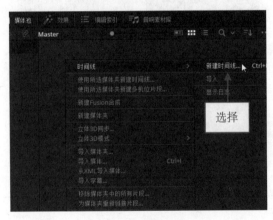

图1-18　选择"新建时间线"选项

图1-19　单击"创建"按钮

步骤 03 在计算机文件夹中选择需要的素材文件，并将其拖曳至"时间线"面板的视频轨上，如图1-20所示，在预览窗口中可以预览添加的素材画面。

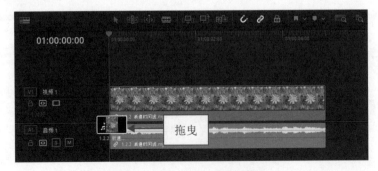

图1-20　拖曳至"时间线"面板中

1.2.3 保存项目文件

【效果展示】在 DaVinci Resolve 18 中编辑视频、图片、音频等素材后，可以将正在编辑的素材文件及时保存，保存后的项目文件会自动显示在 "项目管理器" 面板中，用户可以在其中打开保存好的项目文件，继续编辑项目中的素材，效果如图 1-21 所示。

图 1-21　保存项目文件效果

步骤 01 打开一个项目文件，在预览窗口中可以查看打开的项目效果，如图 1-22 所示。

步骤 02 待素材编辑完成后，单击 "文件" | "保存项目" 命令，如图 1-23 所示。执行操作后，即可保存编辑完成的项目文件。

图 1-22　查看打开的项目效果　　　　　　　　　图 1-23　单击 "保存项目" 命令

温馨提示

》》》》》

按【Ctrl+S】组合键，也可以快速保存项目文件。

1.2.4 关闭项目文件

【效果展示】当用户将项目文件编辑完成后，在不退出软件的情况下，可以在 "项目管理器" 面板中将项目关闭，下面介绍具体操作方法，效果如图 1-24 所示。

图1-24　关闭项目文件效果

步骤 **01** 打开一个项目文件，在工作界面的右下角，单击"项目管理器"按钮，如图1-25所示。

步骤 **02** 弹出"项目"面板，选中相应项目图标，单击鼠标右键，弹出快捷菜单，选择"关闭"选项，如图1-26所示，即可关闭项目文件。

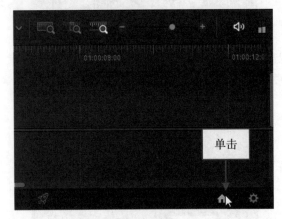 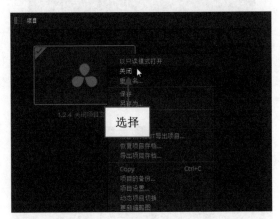

图1-25　单击"项目管理器"按钮　　　　　　　　　　图1-26　选择"关闭"选项

1.3 管理时间线与轨道

在达芬奇"时间线"面板中，提供了插入与删除轨道的功能，用户可以在时间线轨道面板中单击鼠标右键，在弹出的快捷菜单中选择相应的选项，可以直接对轨道进行添加或删除等操作，本节主要介绍管理时间线与轨道的方法。

1.3.1 时间线视图显示

【效果展示】 在时间线轨道面板中，通过调整轨道大小，可以控制时间线显示的视图尺寸，下面介绍具体操作方法，效果如图1-27所示。

图1-27 时间线视图显示效果

步骤 01 打开一个项目文件，将鼠标移至轨道面板的轨道线上，此时鼠标指针呈双向箭头形状，如图1-28所示。

步骤 02 按住鼠标左键并向上拖曳，即可调整"时间线"面板中的视图尺寸，如图1-29所示。

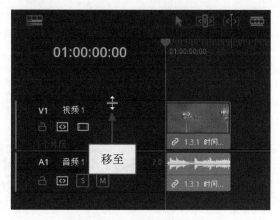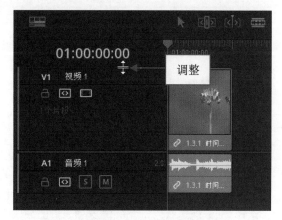

图1-28 移动鼠标至轨道线上　　　　　　　　图1-29 调整"时间线"面板中的视图尺寸

1.3.2 激活与禁用轨道

【效果展示】 在时间线轨道面板中，用户可以激活或禁用时间线轨道中的素材文件，下面介绍具体操作方法，效果如图1-30所示。

图1-30 激活与禁用轨道效果

步骤 01 打开一个项目文件，进入达芬奇"剪辑"步骤面板，在轨道面板中，单击"禁用视频轨道"按钮■，如图1-31所示，即可禁用视频轨道上的素材。

步骤 02 执行操作后，预览窗口中的画面将无法进行播放，单击"启用视频轨道"按钮■，如图1-32

所示，即可激活视频轨道上的素材。

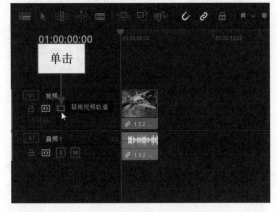
图1-31 单击"禁用视频轨道"按钮

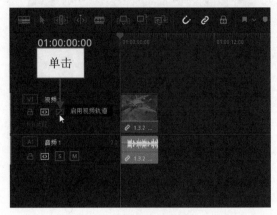
图1-32 单击"启用视频轨道"按钮

1.3.3 更改轨道的颜色

【效果展示】在达芬奇"时间线"面板中，视频轨道上的素材默认显示为浅蓝色，用户可以通过设置轨道面板，更改轨道上素材显示的颜色，效果如图1-33所示。

步骤 01 打开一个项目文件，在"时间线"面板中可以查看视频轨道上素材显示的颜色，如图1-34所示。

步骤 02 在视频轨道上单击鼠标右键，弹出快捷菜单，选择"更改轨道颜色"|"橘黄"选项，如图1-35所示。

图1-33 更改轨道的颜色效果

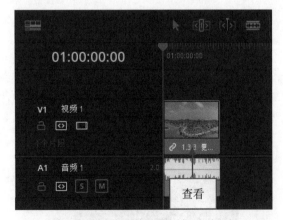
图1-34 查看视频轨道上素材显示的颜色

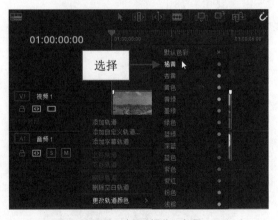
图1-35 选择"橘黄"选项

温馨提示

用户还可以用同样的方法，在音频轨道上单击鼠标右键，在弹出的快捷菜单中选择"更改轨道颜色"选项，在弹出的子菜单中选择需要更改的颜色，即可修改音频轨道上素材显示的颜色。

步骤 03 执行操作后，即可更改轨道上素材显示的颜色，如图1-36所示。

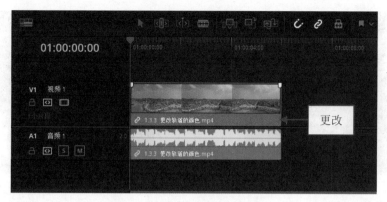

图1-36　更改轨道上素材显示的颜色

1.3.4 移动与删除轨道

【效果展示】在DaVinci Resolve 18中，当视频轨道有一条以上时，可以上下移动素材的轨道位置，效果如图1-37所示。

图1-37　移动与删除轨道效果

步骤 01 打开一个项目文件，如图1-38所示。

步骤 02 在V2轨道上单击鼠标右键，弹出快捷菜单，选择"上移轨道"选项，如图1-39所示。

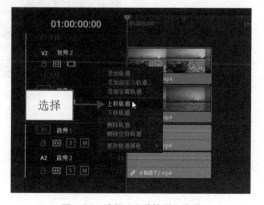

图1-38　打开一个项目文件　　　　　图1-39　选择"上移轨道"选项

步骤 03 执行操作后，即可将V2轨道上的素材移至V3轨道上，如图1-40所示。

步骤 04 在轨道面板上单击鼠标右键，弹出快捷菜单，选择"删除空白轨道"选项，如图1-41所示。

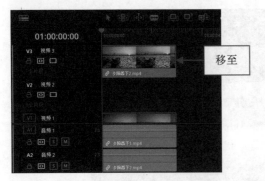

图1-40 移至V3轨道上

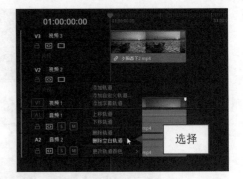

图1-41 选择"删除空白轨道"选项

步骤 05 执行操作后，即可将"时间线"面板中的空白轨道删除，如图1-42所示。

步骤 06 在V2轨道上单击鼠标右键，弹出快捷菜单，选择"删除轨道"选项，如图1-43所示。

图1-42 将"时间线"面板中的空白轨道删除

图1-43 选择"删除轨道"选项

步骤 07 执行操作后，即可删除V2轨道，如图1-44所示。

图1-44 删除V2轨道

第2章

熟悉剪辑与编辑操作方法

—— 学习提示 ——

在DaVinci Resolve 18中，用户可以对素材进行相应的编辑，使制作的影片更为生动、美观。本章主要介绍复制、插入、分割、标记及修剪等内容。通过本章的学习，用户可以熟练剪辑与编辑项目软件的操作方法。

本章重点导航

- 本章重点1——素材文件的基本操作
- 本章重点2——剪辑与调整素材文件
- 本章重点3——掌握视频修剪模式
- 本章重点4——替换和链接素材文件

2.1 素材文件的基本操作

在DaVinci Resolve 18中，用户需要了解并掌握素材文件的基本操作，包括复制素材及插入素材等内容。

2.1.1 对素材进行复制操作

【效果展示】 在DaVinci Resolve 18中编辑视频效果时，如果一个素材需要使用多次，就可以使用"复制"和"粘贴"命令。下面介绍对素材进行复制操作的方法，效果如图2-1所示。

图2-1 对素材进行复制操作效果

步骤 01 打开一个项目文件，进入达芬奇"剪辑"步骤面板，如图2-2所示，在预览窗口中可以查看项目效果。

步骤 02 在"时间线"面板中，选中视频素材，如图2-3所示。

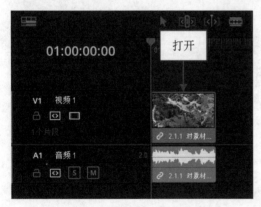

图2-2 打开一个项目文件　　　　　　　　　图2-3 选中视频素材

步骤 03 在菜单栏中，单击"编辑"|"复制"命令，如图2-4所示。

步骤 04 在"时间线"面板中，将时间指示器移至相应位置，如图2-5所示。

图2-4　单击"复制"命令

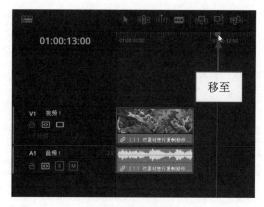

图2-5　移动时间指示器

步骤 05 在菜单栏中，单击"编辑"|"粘贴"命令，如图2-6所示。

步骤 06 执行操作后，在"时间线"面板中的时间指示器位置粘贴复制的视频素材，此时时间指示器会自动移至粘贴素材的片尾处，如图2-7所示。

图2-6　单击"粘贴"命令

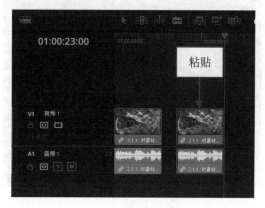

图2-7　粘贴复制的视频素材

温馨提示

>>>>>>

用户还可以通过以下两种方式复制素材文件。

☆**快捷键**：选择"时间线"面板中的素材，按【Ctrl+C】组合键，复制素材后，移动时间指示器至合适位置，按【Ctrl+V】组合键，即可粘贴复制的素材。

☆**快捷菜单**：选择"时间线"面板中的素材，单击鼠标右键，弹出快捷菜单，选择"复制"选项，即可复制素材。然后移动时间指示器至合适位置，在空白位置单击鼠标右键，在弹出的快捷菜单中选择"粘贴"选项，即可粘贴复制的素材。

2.1.2　在原素材中间插入新素材

【效果展示】DaVinci Resolve 18支持用户在原素材中间插入新素材，方便用户多向编辑素材文件，下面介绍具体操作方法，效果如图2-8所示。

图2-8 在原素材中间插入新素材效果

步骤 01 打开一个项目文件，进入达芬奇"剪辑"步骤面板，将时间指示器移至01:00:03:00处，如图2-9所示。

步骤 02 在"媒体池"面板中，选择相应的视频素材，如图2-10所示。

图2-9 移动时间指示器　　　　　　　图2-10 选择相应的视频素材

步骤 03 在"时间线"面板的工具栏中，单击"插入片段"按钮，如图2-11所示。

步骤 04 执行操作后，即可将"媒体池"面板中的视频素材插入"时间线"面板的时间指示器处，如图2-12所示。

图2-11 单击"插入片段"按钮　　　　　图2-12 插入视频素材

温馨提示

〉〉〉〉〉〉

　　将时间指示器移至视频中间的任意位置，插入素材片段后，视频轨中的视频会在插入新的素材片段的同时分割为两个视频素材。

步骤 05 添加相应的背景音乐，将时间指示器移至视频轨的开始位置，如图2-13所示，在预览窗口中单击"播放"按钮 ▶，查看视频效果。

图2-13　移至视频轨的开始位置

2.2　剪辑与调整素材文件

　　在DaVinci Resolve 18中，可以对视频素材进行相应的编辑与调整，其中包括将素材分割成多个片段、快速切换至标记位置及断开视频与音频的链接等常用的视频素材编辑方法。下面介绍剪辑与调整素材的具体操作方法。

2.2.1　将素材分割成多个片段

　　【效果展示】 在"时间线"面板中，用工具栏中的刀片工具 ，即可将素材分割成多个素材片段，下面介绍具体操作方法，效果如图2-14所示。

图2-14　将素材分割成多个片段效果

步骤 01 打开一个项目文件，进入达芬奇"剪辑"步骤面板，如图2-15所示。

步骤 02 在"时间线"面板中，单击"刀片编辑模式"按钮<!---->，如图2-16所示，此时鼠标指针变成了刀片工具图标<!---->。

图2-15 打开一个项目文件

图2-16 单击"刀片编辑模式"按钮

步骤 03 在视频轨中应用刀片工具，在视频素材上的合适位置单击鼠标左键，即可将视频素材分割成两个视频片段，如图2-17所示。

步骤 04 再次在其他合适位置单击鼠标左键，即可将视频素材分割成多个视频片段，如图2-18所示，选中需要删除的素材，按【Delete】键删除。

图2-17 分割成两个视频片段

图2-18 分割成多个视频片段

步骤 05 添加相应的背景音乐，将时间指示器移至视频轨的开始位置，如图2-19所示，在预览窗口中单击"播放"按钮<!---->，查看视频效果。

图2-19 移至视频轨的开始位置

2.2.2 快速切换至标记位置

【效果展示】 在达芬奇"剪辑"步骤面板中，标记主要用来记录视频中的某个画面，使用户更加方便地对视频进行编辑。下面介绍快速切换至标记位置的操作方法，效果如图2-20所示。

图 2-20　快速切换至标记位置效果

步骤 01 打开一个项目文件，进入达芬奇"剪辑"步骤面板，如图2-21所示。

步骤 02 将时间指示器移至01:00:02:00处，如图2-22所示。

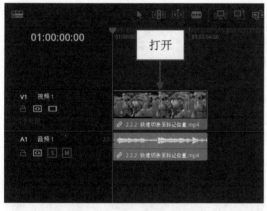
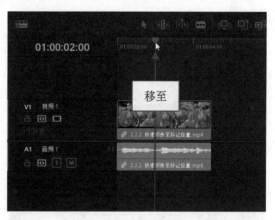

图 2-21　打开一个项目文件　　　　　　　　　　图 2-22　移动时间指示器

步骤 03 在"时间线"面板的工具栏中，单击"标记"下拉按钮，在弹出的下拉列表中选择"蓝色"选项，如图2-23所示。

步骤 04 执行操作后，即可在01:00:02:00处添加一个蓝色标记，如图2-24所示。

图 2-23　选择"蓝色"选项　　　　　　　　　　图 2-24　添加一个蓝色标记

步骤 05 将时间指示器移至01:00:04:00处，如图2-25所示。

步骤 06 执行操作后，即可在01:00:04:00处再次添加一个蓝色标记，如图2-26所示。

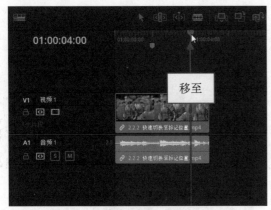

图2-25 移动时间指示器

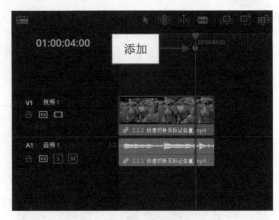

图2-26 再次添加一个蓝色标记

步骤 07 将时间指示器移至开始位置，在时间标尺的任意位置单击鼠标右键，弹出快捷菜单，选择"到下一个标记"选项，如图2-27所示。

步骤 08 执行操作后，即可切换至第1个素材标记处，如图2-28所示，在预览窗口中可以查看第1个标记处的素材画面。

图2-27 选择"到下一个标记"选项

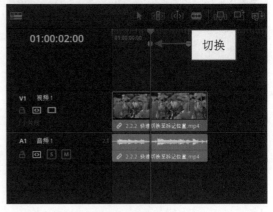

图2-28 切换至第1个素材标记处

步骤 09 用同样的方法，切换至第2个素材标记处，如图2-29所示，在预览窗口中可以查看第2个标记处的素材画面。

图2-29 切换至第2个素材标记处

2.2.3 断开视频与音频的链接

【效果展示】用户在应用达芬奇软件剪辑视频素材时，默认状态下，"时间线"面板的视频轨和音频轨中的素材是绑定链接的状态，当用户需要单独对视频或音频文件进行剪辑操作时，可以通过断开链接片段，分离视频和音频文件，对其执行单独的操作。下面介绍断开视频与音频链接的操作方法，效果如图 2-30 所示。

图 2-30　断开视频与音频的链接效果

步骤 01 打开一个项目文件，在预览窗口中可以查看打开的项目效果，如图 2-31 所示。

步骤 02 当用户选择"时间线"面板中的视频素材并移动位置时，可以发现视频和音频呈链接状态，且缩略图上显示了链接的图标，如图 2-32 所示。

图 2-31　打开一个项目文件 　　　　　　　　　　图 2-32　显示链接图标

步骤 03 选择"时间线"面板中的素材文件，单击鼠标右键，弹出快捷菜单，选择"链接片段"选项，如图 2-33 所示。

步骤 04 执行操作后，即可断开视频和音频的链接，链接图标将不显示在缩略图上，如图 2-34 所示，选择音频轨中的音频素材，按住鼠标左键并向右拖曳，即可单独对音频文件执行操作。

图 2-33　选择"链接片段"选项 　　　　　　　　图 2-34　断开视频和音频的链接

2.2.4 将素材替换成其他画面

【效果展示】 在达芬奇"剪辑"步骤面板中编辑视频时，用户可以根据需要对素材文件进行替换操作，使制作的视频更加符合自己的需求。下面介绍将素材替换成其他画面的操作方法，效果如图2-35所示。

图2-35　将素材替换成其他画面效果

步骤 01 打开一个项目文件，如图2-36所示。

步骤 02 在视频轨中，选择需要替换的素材文件，如图2-37所示。

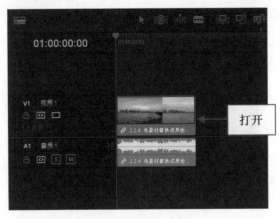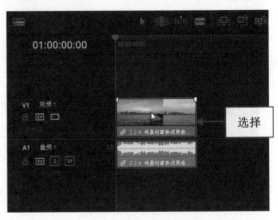

图2-36　打开一个项目文件　　　　　　　　　　图2-37　选择需要替换的素材文件

步骤 03 在"媒体池"面板中，选中替换的素材文件，如图2-38所示。

步骤 04 在菜单栏中单击"编辑"菜单，在弹出的菜单列表中单击"替换"命令，如图2-39所示。

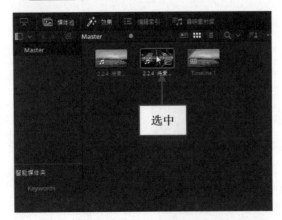

图2-38　选中替换的素材文件　　　　　　　　　　图2-39　单击"替换"命令

温馨提示

　　用户还可以在"媒体池"面板中选择需要替换的素材文件，单击鼠标右键，弹出快捷菜单，选择"替换所选片段"选项，弹出"替换所选片段"对话框，在对话框中选择替换的视频素材并双击，即可快速替换"媒体池"面板中的素材片段。

步骤 05 执行操作后，即可替换"时间线"面板中的视频文件，如图2-40所示，在预览窗口中可以预览替换的素材画面效果。

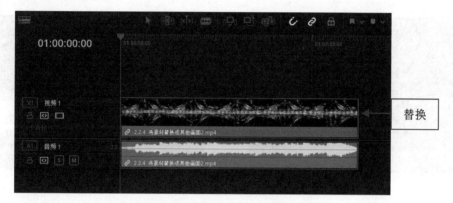

图2-40　替换"时间线"面板中的视频文件

2.2.5 将轨道中的素材进行覆盖

　　【效果展示】当原视频素材中有部分视频片段不再需要时，可以使用达芬奇软件的"覆盖片段"功能，用一段新的视频素材覆盖原素材中不需要的部分，不需要剪辑删除，也不需要替换，就能轻松处理。下面介绍覆盖素材文件的操作方法，效果如图2-41所示。

图2-41　将轨道中的素材进行覆盖效果

　　步骤 01 打开一个项目文件，进入达芬奇"剪辑"步骤面板，如图2-42所示。

　　步骤 02 在预览窗口中，可以查看打开的项目效果，如图2-43所示。

　　步骤 03 将时间指示器移至01:00:03:00处，如图2-44所示。

　　步骤 04 在"媒体池"面板中，选择一个视频素材文件（此处也可以用图片素材，主要根据用户的制作需求来进行剪辑），如图2-45所示。

图2-42　打开一个项目文件

图2-43　查看打开的项目效果

图2-44　移动时间指示器

图2-45　选择视频素材文件

步骤 05 在"时间线"面板的工具栏中，单击"覆盖片段"按钮 ，如图2-46所示。

步骤 06 即可在视频轨中插入所选的视频素材，如图2-47所示。

图2-46　单击"覆盖片段"按钮

图2-47　插入所选的视频素材

步骤 07 执行操作后，即可完成对视频轨中原素材部分视频片段的覆盖，如图2-48所示，添加相应的背景音乐，在预览窗口中可以查看覆盖片段的画面效果。

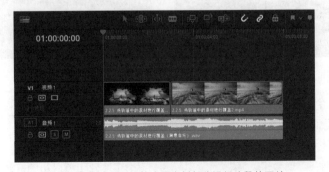

图2-48　完成对视频轨中原素材部分视频片段的覆盖

2.3 掌握视频修剪模式

为了帮助读者尽快掌握达芬奇软件中的修剪模式，下面介绍达芬奇"剪辑"步骤面板中的选择模式、修剪编辑模式、动态滑移剪辑及动态滑动剪辑等修剪视频素材的方法，希望读者可以举一反三，灵活运用。

2.3.1 用修剪工具剪辑视频

【效果展示】 在"时间线"面板的工具栏中，应用"选择模式"工具可以修剪素材文件的时长区间，下面介绍应用"选择模式"工具修剪视频素材的操作方法，效果如图2-49所示。

图2-49 用修剪工具剪辑视频效果

步骤 01 打开一个项目文件，进入达芬奇"剪辑"步骤面板，如图2-50所示。

步骤 02 在预览窗口中，可以查看打开的项目效果，在"时间线"面板中，单击"选择模式"工具，移动鼠标至素材的结束位置，如图2-51所示。

图2-50 打开一个项目文件　　　　图2-51 移动鼠标至素材的结束位置

步骤 03 当鼠标指针呈修剪形状时，按住鼠标左键并向左拖曳，如图2-52所示，至合适位置后释放鼠标左键，即可完成修剪视频时长区间的操作。

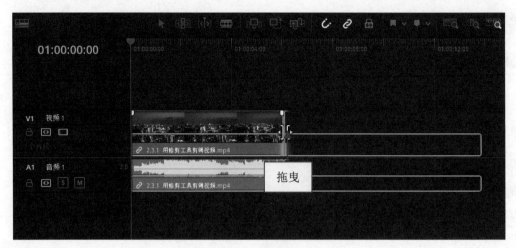

图2-52 向左拖曳

2.3.2 通过滑移剪辑视频

【效果展示】 在DaVinci Resolve 18中，动态修
剪模式有两种操作方法，分别是滑移和滑动两种剪
辑方式，用户可以通过按【S】键进行切换。滑移功
能的作用与上一例中所讲的一样，这里不再详述，
下面介绍操作方法。在学习如何使用达芬奇中的动
态修剪模式前，首先需要了解一下预览窗口中倒放、
停止、正放的快捷键，分别是【J】【K】【L】键。在
操作时，如果快捷键失效，建议打开英文大写功能
再按。下面介绍通过滑移功能剪辑视频素材的操作
方法，效果如图2-53所示。

图2-53 通过滑移剪辑视频效果

步骤 01 打开一个项目文件，进入达芬奇"剪辑"步骤面板，如图2-54所示。

步骤 02 在预览窗口中，可以查看打开的项目效果，在"时间线"面板的工具栏中，单击"动态修剪
模式（滑移）"按钮，如图2-55所示，此时时间指示器显示为黄色。

图2-54 打开一个项目文件

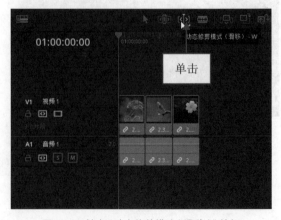

图2-55 单击"动态修剪模式（滑移）"按钮

步骤 03 在工具按钮上单击鼠标右键，弹出下拉列表，选择"滑移"选项，如图2-56所示。

步骤 04 在视频轨中，选中第2个视频素材，如图2-57所示。

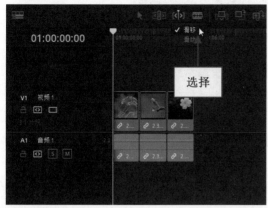

图2-56 选择"滑移"选项　　　　　　　　　　　　　图2-57 选中第2个视频素材

步骤 05 按倒放快捷键【J】或按正放快捷键【L】，在红色固定区间内左右移动视频片段，按停止快捷键【K】暂停，通过滑移选取视频片段，如图2-58所示。

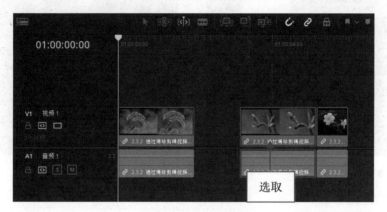

图2-58 选取视频片段

2.4 替换和链接素材文件

在使用DaVinci Resolve 18对视频素材进行编辑时，可以根据编辑需要对素材进行替换和链接等。本节主要介绍替换和链接视频素材的操作方法。

2.4.1 替换媒体素材

【效果展示】 在达芬奇"剪辑"步骤面板中编辑视频时，可以根据需要对素材文件进行替换操作，使制作的视频更加符合用户的需求。下面介绍替换媒体素材的操作方法，效果如图2-59所示。

图2-59　替换媒体素材效果

步骤 01 打开一个项目文件，进入达芬奇"剪辑"步骤面板，如图2-60所示。

步骤 02 在"媒体池"面板中，选择需要替换的素材文件，如图2-61所示。

图2-60　打开一个项目文件

图2-61　选择需要替换的素材文件

步骤 03 单击鼠标右键，弹出快捷菜单，选择"替换所选片段"选项，如图2-62所示。

步骤 04 弹出"导入媒体"对话框，在其中选中需要替换的视频素材，单击"打开"按钮，如图2-63所示。

图2-62　选择"替换所选片段"选项

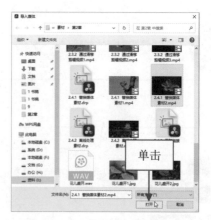

图2-63　单击"打开"按钮

温馨提示 》》》》》》

　　还可以在"时间线"面板中选中视频素材，在"媒体池"面板中导入需要替换的素材文件，然后在菜单栏中单击"编辑"|"替换"命令，即可替换"时间线"面板中的视频素材。

步骤 05 即可替换"时间线"面板中的视频文件，如图2-64所示，在预览窗口中可以预览替换的素材画面效果。

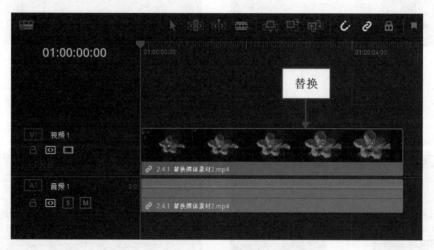

图2-64　替换"时间线"面板中的视频文件

2.4.2 离线处理素材

【效果展示】 在达芬奇"剪辑"步骤面板中，还可以离线处理选择的视频素材，下面介绍具体操作方法，效果如图2-65所示。

图2-65　离线处理素材效果

步骤 01 打开一个项目文件，进入达芬奇"剪辑"步骤面板，如图2-66所示。

步骤 02 在"媒体池"面板中，选择需要离线处理的素材文件，如图2-67所示。

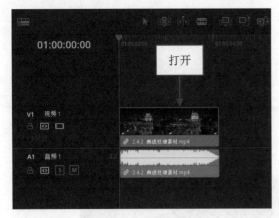
图2-66　打开一个项目文件

图2-67　选择需要离线处理的素材文件

步骤 03 执行操作后，单击鼠标右键，弹出快捷菜单，选择"取消链接所选片段"选项，如图2-68所示。

步骤 04 执行操作后，即可离线处理视频轨中的素材，如图2-69所示。

图2-68　选择"取消链接所选片段"选项

图2-69　离线处理视频素材

步骤 05 在预览窗口中，会显示"离线媒体"的警示文字，如图2-70所示。

图2-70　显示"离线媒体"警示文字

2.4.3　重新链接素材

【效果展示】 在达芬奇"剪辑"步骤面板中，将视频素材离线处理后，需要重新链接离线的视频素材，下面介绍具体操作方法。

步骤 01 打开上一个项目文件，进入达芬奇"剪辑"步骤面板，如图2-71所示。

步骤 02 在"媒体池"面板中，选择离线的素材文件，如图2-72所示。

图2-71 打开一个项目文件

图2-72 选择离线的素材文件

步骤 03 单击鼠标右键，在弹出的快捷菜单中选择"重新链接所选片段"选项，如图2-73所示。

步骤 04 弹出"选择源文件夹"对话框，在其中选择链接素材所在的文件夹，单击"选择文件夹"按钮，如图2-74所示。

图2-73 选择"重新链接所选片段"选项

图2-74 单击"选择文件夹"按钮

步骤 05 即可自动链接视频素材，如图2-75所示，在预览窗口中可以查看重新链接的素材画面效果。

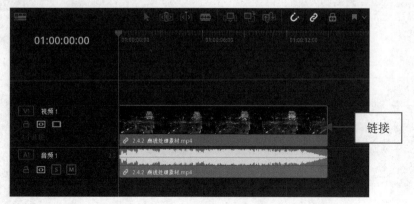

图2-75 自动链接视频素材

第3章

一级校色 对画面进行

学习提示

色彩在影视视频的编辑中，往往可以给观众留下良好的第一印象，并在某种程度上抒发一种情感。但由于素材在拍摄和采集的过程中，常常会遇到一些很难控制的环境光照，使拍摄出来的源素材色感欠缺、层次不明，本章将详细介绍应用达芬奇软件对视频画面进行一级调色的处理技巧。

本章重点导航

- 本章重点1——掌握示波器
- 本章重点2——对视频进行色彩校正
- 本章重点3——色轮的使用技巧
- 本章重点4——使用RGB混合器来调色
- 本章重点5——使用运动特效来降噪

3.1 掌握示波器

示波器是一种可以将视频信号转换为可见图像的电子测量仪器，它能帮助人们研究各种电现象的变化过程，观察不同信号幅度随时间变化的波形曲线。下面介绍达芬奇中的几种示波器查看模式。

3.1.1 掌握波形图示波器

【效果展示】波形图示波器主要用于检测视频信号的幅度和单位时间内的所有脉冲扫描图形，让用户看到当前画面亮度信号的分布情况，用来分析画面的明暗和曝光情况。

波形示波器的横坐标表示当前帧的水平位置，纵坐标在NTSC制式下表示图像每一列的色彩密度，单位是IRE；在PAL制式下则表示视频信号的电压值。在NTSC制式下，以消隐电平0.3V为0IRE，将0.3~1V进行10等分，每一等分定义为10IRE，效果如图3-1所示。

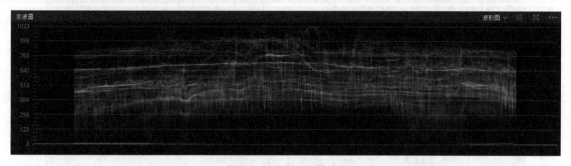

图3-1　波形图示波器效果

步骤 01 打开一个项目文件，在预览窗口中可以查看打开的项目效果，如图3-2所示。

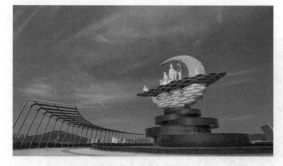

图3-2　查看打开的项目效果

温馨提示

用户可以用同样的方法，切换不同类别的示波器，以便查看和分析画面色彩的分布状况。

步骤 02 在步骤面板中，单击"调色"按钮，如图3-3所示。
步骤 03 在工具栏中，单击"示波器"按钮，如图3-4所示。

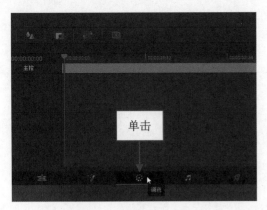

图3-3 单击"调色"按钮

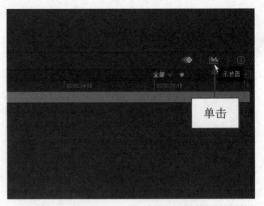

图3-4 单击"示波器"按钮

步骤 04 执行操作后，即可切换至"示波器"面板，如图3-5所示。

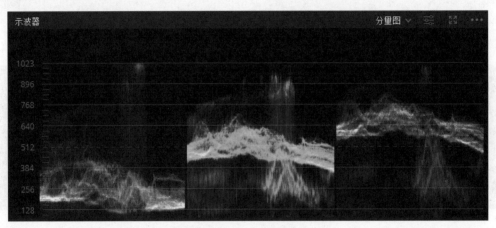

图3-5 "示波器"面板

步骤 05 在示波器窗口栏的右上角，单击下拉按钮，弹出下拉列表，选择"波形图"选项，如图3-6所示。

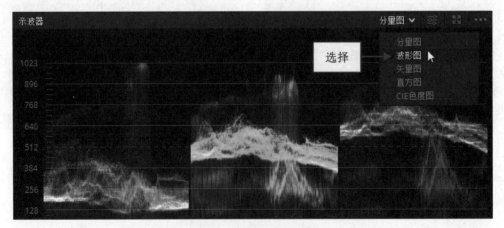

图3-6 选择"波形图"选项

步骤 06 执行操作后，即可在下方的面板中查看和检测视频画面的颜色分布情况，如图3-7所示。

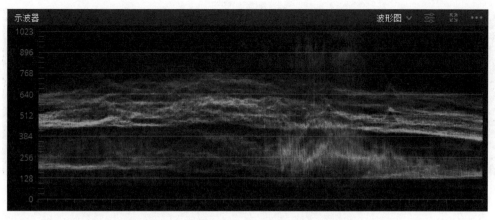

图3-7 查看和检测视频画面的颜色分布情况

3.1.2 掌握分量图示波器

分量图示波器其实就是将波形图示波器分为红绿蓝（RGB）三色通道，将画面中的色彩信息直观地展示出来。

通过分量图示波器，用户可以观察画面的色彩是否平衡，如图3-8所示，下方的蓝色阴影位置波形明显要比红色、绿色的阴影位置高，而上方的蓝色高光位置明显要比红色、绿色的波形低，且整体波形不一，即表示图像高光位置出现色彩偏移，整体色调偏红色、绿色。

 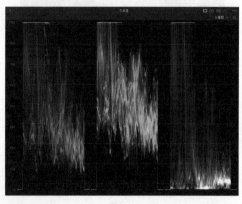

图3-8 分量图示波器颜色分布情况

3.1.3 掌握矢量图示波器

矢量图是一种检测色相和饱和度的工具，它以坐标的方式显示视频的色度信息。矢量图中矢量的大小，也就是某一点到坐标原点的距离，代表颜色饱和度。

圆心位置代表颜色饱和度为0，因此黑白图像的色彩矢量都在圆心处，离圆心越远饱和度越高，如图3-9所示。

图3-9 矢量图示波器颜色分布情况

3.1.4 掌握直方图示波器

直方图示波器可以查看图像的亮度与结构，用户可以利用直方图分析画面中的亮度是否超标。

在达芬奇软件中，直方图呈横纵轴分布。横坐标轴表示图像画面的亮度值，左边为亮度最小值，波形像素越高，则画面的颜色越接近黑色；右边为亮度最大值，画面的颜色更趋近于白色。纵坐标轴表示图像画面亮度值位置的像素占比。当图像画面中的黑色像素过多或亮度较低时，波形会集中分布在示波器的左边，如图3-10所示。

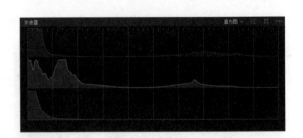

图3-10 画面亮度过低

当图像画面中的白色像素过多或亮度较高时，波形会集中分布在示波器的右边，如图3-11所示。

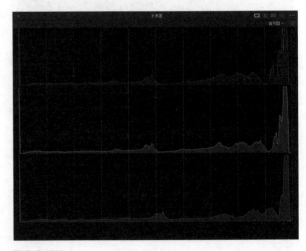

图3-11 画面亮度超标

3.2 对视频进行色彩校正

在视频的制作过程中，由于电视系统能显示的亮度范围要小于计算机显示器的显示范围，一些在计算机屏幕上鲜亮的画面也许在电视机上将出现细节缺失等影响画质的问题，因此专业的制作人员必须能根据播出要求来控制画面的色彩。本节主要介绍运用达芬奇对视频画面进行色彩校正的方法。

3.2.1 调整曝光参数

【效果展示】 当素材亮度过暗或太亮时，可以在达芬奇中通过调节"亮度"参数调整素材的曝光，原图与效果对比如图3-12所示。

图3-12 原图与效果对比展示

步骤 01 打开一个项目文件，进入达芬奇"剪辑"步骤面板，如图3-13所示。

步骤 02 在预览窗口中，可以查看打开的项目效果，如图3-14所示。

图3-13 打开一个项目文件　　　　　图3-14 查看打开的项目效果

步骤 03 切换至"调色"步骤面板，在左上角单击"LUT"按钮 ，展开LUT面板，如图3-15所示。

步骤 04 在下方的选项面板中，选择"Sony"选项，展开相应选项卡，在其中选择相应的滤镜样式，如图3-16所示。

图3-15 单击"LUT"按钮

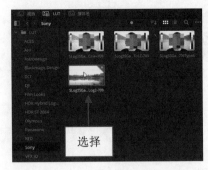

图3-16 选择相应的滤镜样式

步骤 05 按住鼠标左键并拖曳至预览窗口的图像画面上，释放鼠标左键，即可将选择的滤镜样式添加至视频素材上，如图3-17所示。

步骤 06 执行操作后，在预览窗口中可以查看色彩校正后的效果，如图3-18所示，可以看到画面还是有明显的过曝现象。

图3-17 拖曳滤镜样式

图3-18 查看色彩校正后的效果

步骤 07 在时间线下方的面板中，单击"色轮"按钮，展开"色轮"面板，如图3-19所示。

步骤 08 按住"亮部"下方的轮盘并向左拖曳，直至参数均显示为0.70，如图3-20所示，即可降低亮度值调整画面曝光，在预览窗口中可以查看最终效果。

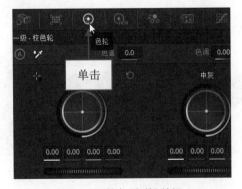

图3-19 单击"色轮"按钮

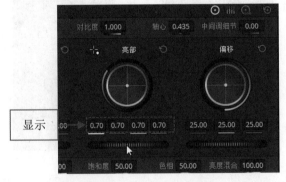

图3-20 调整"亮部"参数

3.2.2 自动平衡图像色彩

【效果展示】 当图像出现色彩不平衡的情况时，有可能是因为摄影机的白平衡参数设置错误，或者因为天气、灯光等因素造成色偏。在达芬奇中，可以根据需要应用"自动平衡"功能，调整图像的色彩平衡，原图与效果对比如图3-21所示。

图3-21 原图与效果对比展示

步骤 01 打开一个项目文件，进入达芬奇"剪辑"步骤面板，如图3-22所示。

步骤 02 在预览窗口中，可以查看打开的项目效果，如图3-23所示。

图3-22 打开一个项目文件

图3-23 查看打开的项目效果

步骤 03 切换至"调色"步骤面板，打开"色轮"面板，在面板的下方单击"自动平衡"按钮◎，如图3-24所示，即可自动调整图像的色彩平衡，在预览窗口中可以查看调整后的图像效果。

图3-24 单击"自动平衡"按钮

3.2.3 镜头匹配调色

【效果展示】 达芬奇拥有镜头匹配功能，可以对两个片段进行色调分析，自动匹配效果较好的视频片段。镜头匹配是每一个调色师的必学基础课，也是一个调色师经常会遇到的难题。对一个单独的视频镜头调色可能还算容易，但要对整个视频进行统一调色就相对较难了，这需要用到镜头匹配功能进行辅助调色，原图与效果对比如图3-25所示。

图3-25 原图与效果对比展示

步骤 01 打开一个项目文件，进入达芬奇"剪辑"步骤面板，如图3-26所示。

步骤 02 在预览窗口中，可以查看打开的项目效果，如图3-27所示，第1个视频素材画面的色彩已经调整完成，可以将其作为要匹配的目标片段。

步骤 03 切换至"调色"步骤面板，在"片段"面板中，选择需要进行镜头匹配的第2个视频片段，如图3-28所示。

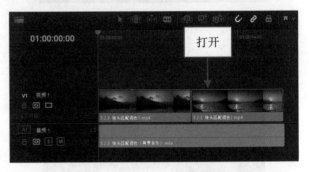

图3-26 打开一个项目文件

步骤 04 在第1个视频片段上单击鼠标右键，弹出快捷菜单，选择"与此片段进行镜头匹配"选项，如图3-29所示。执行操作后，在预览窗口中可以预览第2段视频镜头匹配后的画面效果。

图3-27 查看打开的项目效果

图3-28 选择第2个视频片段

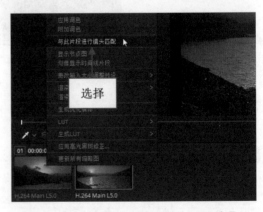

图3-29 选择"与此片段进行镜头匹配"选项

3.3 色轮的使用技巧

在达芬奇"调色"步骤面板的"色轮"面板中，有3个模式面板可供选择，分别是校色轮、校色条及Log色轮，下面介绍这3种调色技巧。

3.3.1 使用校色轮的调色

【效果展示】 在达芬奇"色轮"面板的"校色轮"选项面板中，一共有四个色轮，从左到右分别是暗部、中灰、亮部及偏移，顾名思义，分别用来调整图像画面的阴影部分、中间灰色部分、高光部分及色彩偏移部分，下面介绍具体操作方法，原图与效果对比如图3-30所示。

图3-30 原图与效果对比展示

步骤 01 打开一个项目文件，进入达芬奇"剪辑"步骤面板，如图3-31所示。

步骤 02 在预览窗口中，可以查看打开的项目效果，如图3-32所示。

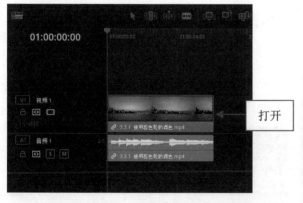 

图3-31 打开一个项目文件　　　　图3-32 查看打开的项目效果

步骤 03 切换至"调色"步骤面板，展开"色轮"|"一级-校色轮"面板，将鼠标移至"暗部"色轮下方的轮盘上，按住鼠标左键并向左拖曳，直至色轮下方的参数均显示为-0.01，如图3-33所示。

图3-33　调整"暗部"参数

步骤 04 按住"偏移"色轮中心的白色圆圈，向红色方向拖曳，至合适位置后释放鼠标左键，调整偏移参数，如图3-34所示，在预览窗口中可以查看最终效果。

图3-34　调整"偏移"参数

3.3.2 使用校色条的调色

【效果展示】在达芬奇"色轮"面板的"校色条"选项面板中，一共有四组色条，其作用与"校色轮"选项面板中的色轮作用是一样的，并且与色轮是联动关系：当用户调整色轮参数时，色条参数也会随之改变；反过来也是一样，当用户调整色条参数时，色轮下方的参数也会随之改变，原图与效果对比如图3-35所示。

图3-35　原图与效果对比展示

步骤 01 打开一个项目文件，进入达芬奇"剪辑"步骤面板，如图3-36所示。

步骤 02 在预览窗口中，可以查看打开的项目效果，如图3-37所示，需要将画面中的暗部调亮，并使画面偏蓝色调。

图3-36 打开一个项目文件　　　　　　　　　图3-37 查看打开的项目效果

步骤 03 切换至"调色"步骤面板，在"色轮"面板中，单击"校色条"按钮▥，如图3-38所示。

图3-38 单击"校色条"按钮

步骤 04 将鼠标移至"暗部"色条下方的轮盘上，按住鼠标左键并向左拖曳，直至色条下方的参数均显示为-0.07，如图3-39所示。

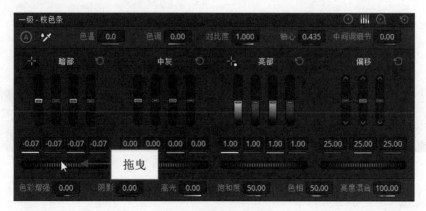

图3-39 调整"暗部"参数

步骤 05 将鼠标移至"亮部"色条的蓝色通道上，按住鼠标左键并向上拖曳，直至参数显示为1.19，如图3-40所示，在预览窗口中可以查看最终效果。

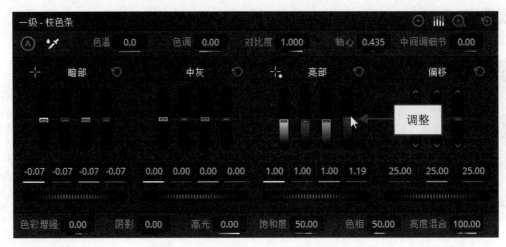

图3-40　调整"亮部"色条的蓝色通道参数

温馨提示　　>>>>>>

　　在调整参数时，如需恢复数据重新调整，可以单击每组色条（或色轮）右上角的"恢复重置"按钮，快速恢复素材的原始参数。

3.3.3　使用Log色轮的调色

【效果展示】 Log色轮可以保留图像画面中暗部和亮部的细节，为后期调色提供了很大的空间。在达芬奇"色轮"面板的"Log色轮"选项面板中，一共有四个色轮，分别是阴影、中间调、高光及偏移。在应用Log色轮调色时，可以展开"示波器"面板查看图像波形状况，配合示波器对图像素材进行调色处理，原图与效果对比如图3-41所示。

图3-41　原图与效果对比展示

步骤 01 打开一个项目文件，进入达芬奇"剪辑"步骤面板，如图3-42所示。

步骤 02 在预览窗口中，可以查看打开的项目效果，如图3-43所示，需要将画面调成清晨阳光透过云层的效果。

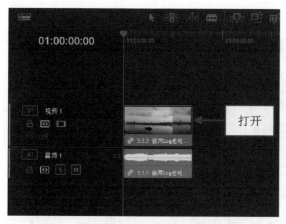

图3-42 打开一个项目文件

图3-43 查看打开的项目效果

步骤 03 切换至"调色"步骤面板，展开"分量图"示波器面板，在其中可以查看图像波形状况，如图3-44所示，可以看到波形分布比较均匀，无偏色状况。

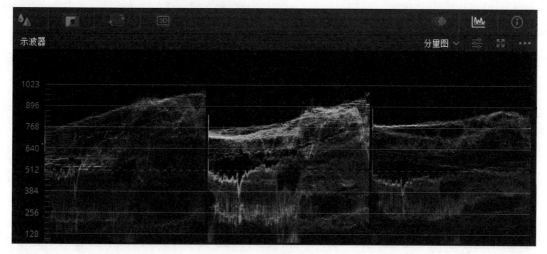

图3-44 查看图像波形状况

步骤 04 在"色轮"面板中，单击"Log色轮"按钮，如图3-45所示。

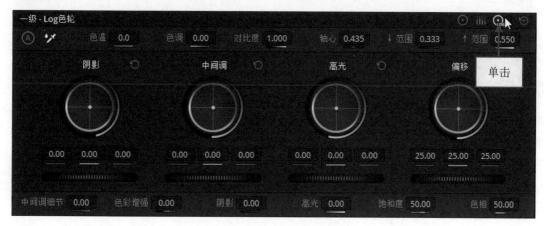

图3-45 单击"Log色轮"按钮

步骤 05 切换至"一级-Log色轮"选项面板，首先将素材的阴影部分降低，将鼠标移至"阴影"色轮下方的轮盘上，按住鼠标左键并向左拖曳，直至色轮下方的参数均显示为-0.04，如图3-46所示。

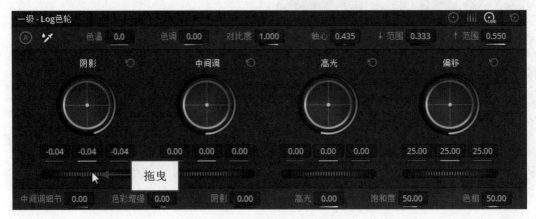

图3-46　调整"阴影"参数

步骤 06 调整高光部分的光线，选中"高光"色轮中心的白色圆圈，按住鼠标左键的同时往红色方向拖曳，直至参数分别显示为0.14、-0.03、-0.13，释放鼠标左键，提高红色亮度，使画面中的光线呈红色暖光调，如图3-47所示。

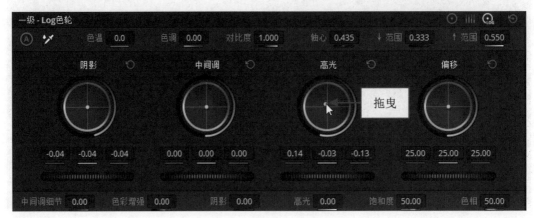

图3-47　调整"高光"参数

步骤 07 按住"中间调"色轮下方的轮盘并向右拖曳，直至参数均显示为0.10，如图3-48所示。

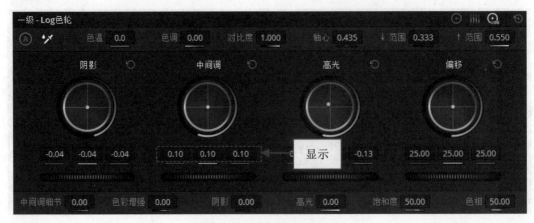

图3-48　调整"中间调"参数

步骤 08 执行操作后，单击"偏移"色轮中心的白色圆圈并向上拖曳，直至参数分别显示为31.94、

23.86、15.52，如图3-49所示。

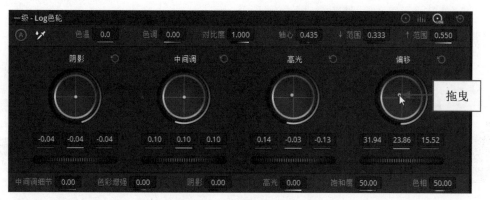

图3-49　调整"偏移"参数

步骤 09 执行操作后，示波器中的蓝色波形明显降低了，如图3-50所示，在预览窗口中可以查看调整后的视频画面效果。

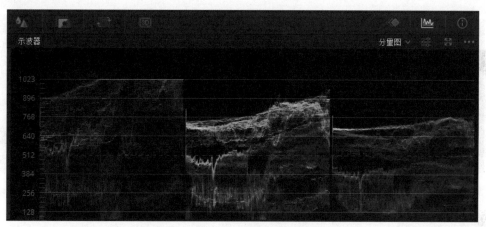

图3-50　查看调整后显示的波形状况

3.4　使用RGB混合器来调色

在"调色"步骤面板中，RGB混合器非常实用。在"RGB混合器"面板中，有红色输出、绿色输出及蓝色输出3组颜色通道，每组颜色通道都有3个滑块控制条，可以帮助用户针对图像画面中的某一个颜色进行准确调节，并且不影响画面中的其他颜色。RGB混合器还具有为黑白的单色图像调整RGB比例参数的功能，并且在默认状态下，会自动开启"保留亮度"功能，在调节颜色通道时保持亮度值不变，为用户后期调色提供了很大的创作空间。

3.4.1　红色输出通道

【效果展示】 在RGB混合器中，红色输出颜色通道的3个滑块控制条的默认比例为1：0：0，当增加红色滑块控制条时，面板中绿色和蓝色滑块控制条的参数并不会发生变化，但用户可以在示波器中看到绿色和蓝色的波形等比例混合下降，原图与效果对比如图3-51所示。

图3-51 原图与效果对比展示

步骤 01 打开一个项目文件，进入达芬奇"剪辑"步骤面板，如图3-52所示。

步骤 02 在预览窗口中，可以查看打开的项目效果，如图3-53所示，需要加重图像画面中的红色色调。

图3-52 打开一个项目文件　　　　　　　　　　　　　　图3-53 查看打开的项目效果

步骤 03 切换至"调色"步骤面板，在示波器中查看图像波形状况，如图3-54所示，可以看到红色、绿色及蓝色波形。

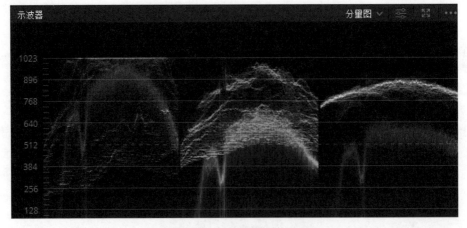

图3-54 查看图像波形状况

步骤 04 在时间线下方的面板中，单击"RGB混合器"按钮 ![icon]，切换至"RGB混合器"面板，如图3-55所示。

图 3-55　单击"RGB 混合器"按钮

步骤 05 将鼠标移至"红色输出"颜色通道的红色控制条滑块上，按住鼠标左键并向上拖曳，直至参数显示为 1.28，如图 3-56 所示。

图 3-56　设置"红色输出"参数

步骤 06 在示波器中，可以看到红色波形波峰上升后，绿色和蓝色波形波峰基本持平，如图 3-57 所示，在预览窗口中可以查看制作的视频效果。

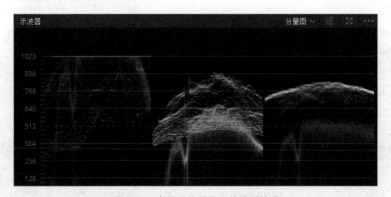

图 3-57　查看调整后显示的波形状况

3.4.2　绿色输出通道

【效果展示】在 RGB 混合器中，绿色输出颜色通道的 3 个滑块控制条的默认比例为 0∶1∶0，当图像画面中的绿色成分过多或需要在画面中增加绿色色彩时，便可以通过 RGB 混合器中的绿色输出通道调节图像画面色彩，原图与效果对比如图3-58所示。

图3-58　原图与效果对比展示

步骤 01 打开一个项目文件，进入达芬奇"剪辑"步骤面板，如图3-59所示。

步骤 02 在预览窗口中，可以查看打开的项目效果，如图3-60所示，图像画面中绿色的成分过少，需要增加绿色输出。

图3-59　打开一个项目文件　　　　　　　　　　图3-60　查看打开的项目效果

步骤 03 切换至"调色"步骤面板，在示波器中查看图像波形状况，如图3-61所示。

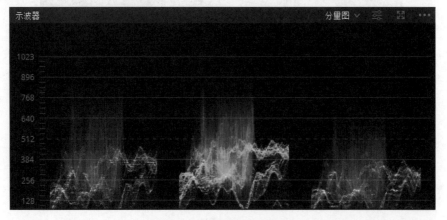

图3-61　查看图像波形状况

步骤 04 切换至"RGB混合器"面板，将鼠标移至"绿色输出"颜色通道的绿色控制条滑块上，按住鼠标左键并向上拖曳，直至参数显示为1.25，如图3-62所示。

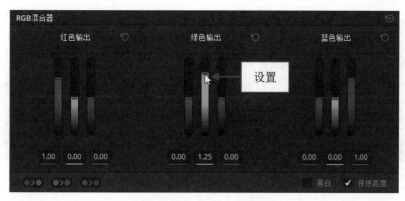

图3-62　设置"绿色输出"参数

步骤 05 执行操作后，在示波器中可以看到，在增加绿色值后，红色和蓝色波形明显降低，如图3-63所示，在预览窗口中可以查看制作的视频效果。

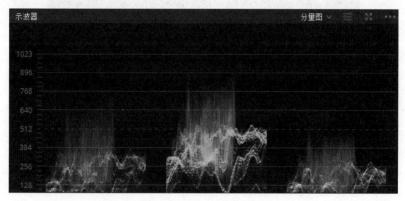

图3-63　示波器波形状况

3.4.3　蓝色输出通道

【效果展示】 在RGB混合器中，蓝色输出颜色通道的3个滑块控制条的默认比例为0:0:1。红绿蓝三色，不同的颜色搭配可以调配出多种自然色彩。例如，红绿搭配会变成黄色，若想降低黄色浓度，可以适当提高蓝色色调，混合整体色调，原图与效果对比如图3-64所示。

图3-64　原图与效果对比展示

步骤 01 打开一个项目文件，进入达芬奇"剪辑"步骤面板，如图3-65所示。

步骤 02 在预览窗口中，可以查看打开的项目效果，如图3-66所示，图像画面有点偏暗，需要提高蓝色输出，平衡图像画面色彩。

图3-65　打开一个项目文件

图3-66　查看打开的项目效果

步骤 03 切换至"调色"步骤面板，在示波器中查看图像波形状况，如图3-67所示，可以看到红色波形与绿色波形基本持平，而蓝色波形部分明显比红绿两道波形要低。

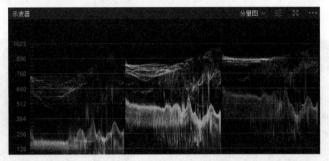

图3-67　查看图像波形状况

步骤 04 切换至"RGB混合器"面板，将鼠标移至"蓝色输出"颜色通道的蓝色控制条滑块上，按住鼠标左键并向上拖曳，直至参数显示为1.22，如图3-68所示。

图3-68　设置"蓝色输出"参数

步骤 05 执行操作后，在示波器中可以查看蓝色波形的涨幅状况，如图3-69所示，在预览窗口中可以查看制作的视频效果。

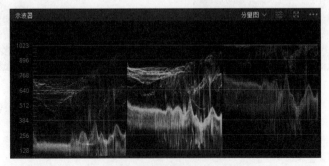

图3-69　查看蓝色波形的涨幅状况

3.5 使用运动特效来降噪

噪点是图像中的凸起粒子，是比较粗糙的部分像素，在感光度过高、曝光时间太长等情况下会使图像画面产生噪点。要想获得干净的图像画面，可以使用后期软件中的降噪工具进行处理。

在DaVinci Resolve 18中，可以通过"运动特效"功能来进行降噪，该功能主要基于GPU（单芯片处理器）来进行分析运算。图3-70所示为"运动特效"面板。在"运动

图3-70 "运动特效"面板

特效"面板中，降噪工具主要分为"时域降噪"和"空域降噪"两部分，下面介绍"运动特效"面板及其使用方法。

3.5.1 时域降噪视频效果

【效果展示】 时域降噪主要根据时间帧进行降噪分析，调整"时域阈值"选项区下方的相应参数，在分析当前帧的噪点时，还会分析前后帧的噪点，对噪点进行统一处理，消除帧与帧之间的噪点，原图与效果对比如图3-71所示。

图3-71 原图与效果对比展示

步骤 01 打开一个项目文件，进入达芬奇"剪辑"步骤面板，如图3-72所示。

步骤 02 在预览窗口中，可以查看打开的项目效果，如图3-73所示。

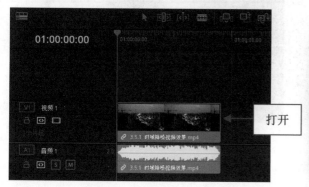

图3-72 打开一个项目文件　　　　图3-73 查看打开的项目效果

温馨提示 ▶▶▶▶▶▶

　　这里需要注意的是，"亮度"和"色度"为联动链接状态，当修改二者中的一个参数值时，另一个参数也会修改为一样的值，只有单击 🔗 按钮断开链接，才能单独设置"亮度"和"色度"的参数值。

步骤 03 切换至"调色"步骤面板，单击"运动特效"按钮 🎬，展开"运动特效"面板，如图3-74所示。

步骤 04 在"时域降噪"选项区中，单击"帧数"右侧的下拉按钮，弹出列表框，在其中可以选择"5"选项，如图3-75所示。

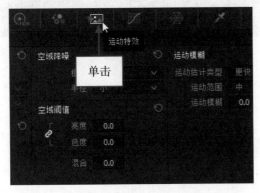

图3-74　单击"运动特效"按钮

图3-75　选择"5"选项

步骤 05 在"时域阈值"选项区中，设置"亮度""色度"及"运动"参数均为100.0，如图3-76所示，在预览窗口中可以查看时域降噪处理效果。

3.5.2 空域降噪视频效果

【效果展示】空域降噪主要是对画面空间进行降噪分析，不同于时域降噪会根据时间对一整段素材画面进行统一处理，空域降噪只对当前画面进行降噪，当下一帧画面播放时，再对下一帧画面进行降噪，原图与效果对比如图3-77所示。

图3-76　设置相应参数

图3-77　原图与效果对比展示

步骤 01 打开一个项目文件，进入达芬奇"剪辑"步骤面板，如图3-78所示。

步骤 02 在预览窗口中，可以预览画面效果，如图3-79所示。

图3-78 打开一个项目文件

图3-79 预览画面效果(1)

步骤 03 切换至"调色"步骤面板，展开"运动特效"面板，在"空域阈值"选项区下方的"亮度"和"色度"数值框中，输入参数均为100.0，如图3-80所示。

步骤 04 在预览窗口中，可以预览画面效果，如图3-81所示。

图3-80 输入参数

图3-81 预览画面效果(2)

步骤 05 单击"模式"右侧的下拉按钮，弹出列表框，选择"更强"选项，如图3-82所示，在预览窗口中可以预览空域降噪"更强"模式的画面效果。

图3-82 选择"更强"选项

第 4 章

对局部进行二级校色

—— 学习提示 ——

　　每种颜色所包含的意义和向观众传达的情感都是不一样的，只有对颜色有所了解，才能更好地使用达芬奇进行后期调色。本章主要介绍的是对素材图像的局部画面进行二级调色，相对一级调色来说，二级调色更注重画面中的细节处理。

本章重点导航

- 本章重点1——什么是二级调色
- 本章重点2——使用曲线功能来调色
- 本章重点3——创建选区进行抠像调色
- 本章重点4——创建窗口蒙版局部调色
- 本章重点5——使用跟踪与稳定功能来调色
- 本章重点6——使用Alpha通道控制调色的区域
- 本章重点7——使用"模糊"功能虚化视频画面

什么是二级调色

什么是二级调色？在回答这个问题之前，首先需要大家理解一下一级调色。在对素材图像进行调色操作前，需要对素材图像进行一个简单的勘测，比如图像是否有过度曝光、灯光是否太暗、是否偏色、饱和度如何、是否存在色差、色调是否统一等，用户针对上述问题对素材图像进行曝光、对比度、色温等校色调整，便是一级调色。

二级调色则是在一级调色处理的基础上，对素材图像的局部画面进行细节处理，比如物品颜色突出、肤色深浅、服装搭配、去除杂物、抠像等细节，并对素材图像的整体风格进行色彩处理，保证整体色调统一。如果一级调色进行校色调整时没有处理好，会影响到二级调色。因此，一级调色可以处理的问题，不要留到二级调色时再处理。

 使用曲线功能来调色

在 DaVinci Resolve 18 中，"曲线"面板中共有 7 种调色操作模式，如图 4-1 所示。其中"曲线 - 自定义"模式可以在图像色调的基础上进行调整，而另外 6 种调色操作模式则主要通过"曲线 - 色相 对 色相""曲线 - 色相 对 饱和度""曲线 - 色相 对 亮度""曲线 - 亮度 对 饱和度""曲线 - 饱和度 对 饱和度"及"曲线 - 饱和度 对 亮度"来进行调整。下面介绍应用曲线功能调色的操作方法。

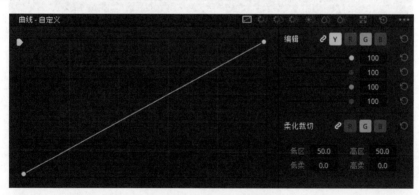

（a）"曲线 - 自定义"模式面板

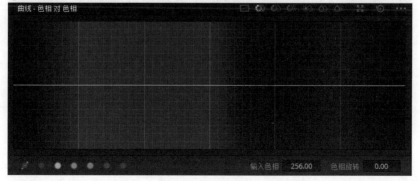

（b）"曲线 - 色相 对 色相"模式面板

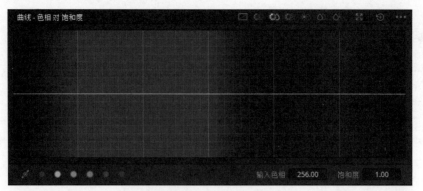

（c）"曲线-色相 对 饱和度"模式面板

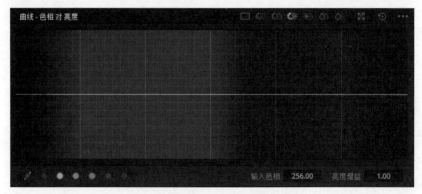

（d）"曲线-色相 对 亮度"模式面板

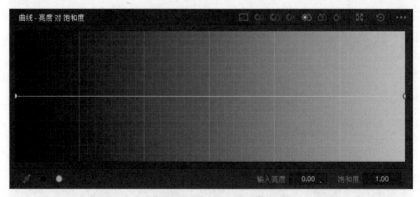

（e）"曲线-亮度 对 饱和度"模式面板

（f）"曲线-饱和度 对 饱和度"模式面板

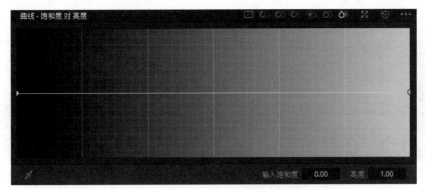

（g）"曲线-饱和度 对 亮度"模式面板

图4-1 7个模式面板

4.2.1 使用自定义调色

【效果展示】 "曲线-自定义"模式面板主要由两个板块组成。

☆左边是曲线编辑器。横坐标轴表示图像的明暗程度，最左边为暗（黑色），最右边为明（白色），纵坐标轴表示色调。曲线编辑器中有一根对角白线，在白线上单击鼠标左键可以添加控制点，以此线为界限，往左上范围拖曳控制点，可以提高图像画面的亮度，往右下范围拖曳控制点，可以降低图像画面的亮度，可以理解为左上为明，右下为暗。当需要删除控制点时，在控制点上单击鼠标右键即可。

☆右边是曲线参数控制器。在曲线参数控制器中，有Y、R、G和B这4个颜色按钮，分别对应按钮下方的4个曲线调节通道，可以通过左右拖曳Y、R、G、B通道上的圆点滑块调整色彩参数。在面板中有一个联动按钮，默认状态下该按钮是开启状态，当拖曳任意一个通道上的滑块时，会同时调整改变其他4个通道的参数。只有将联动按钮关闭，才可以在面板中单独选择某一个通道进行调整操作。在下方的柔化裁切区，可以通过输入参数值或单击参数文本框后，向左拖曳降低数值或向右拖曳提高数值，调节RGB柔化高低。

在"曲线"面板中拖曳控制点，只会影响到与控制点相邻的两个控制点之间的那段曲线。通过调节曲线位置，便可以调整图像画面中的色彩浓度和明暗对比度，原图与效果对比如图4-2所示。

图4-2 原图与效果对比展示

步骤 01 打开一个项目文件，进入达芬奇"剪辑"步骤面板，如图4-3所示。
步骤 02 在预览窗口中，可以查看打开的项目效果，如图4-4所示，需要将画面中的颜色调浓。

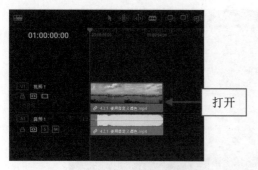

图4-3 打开一个项目文件

图4-4 查看打开的项目效果

步骤 03 切换至"调色"步骤面板，在左上角单击"LUT"按钮，展开LUT面板，在下方的选项面板中，展开"Blackmagic Design"选项卡，选择相应的样式，如图4-5所示。

步骤 04 按住鼠标左键并拖曳至预览窗口的图像画面上，释放鼠标左键，即可将选择的样式添加至视频素材上，效果如图4-6所示。

图4-5 选择相应的样式

图4-6 色彩校正效果

步骤 05 展开"曲线"模式面板，在"曲线-自定义"曲线编辑器的合适位置，单击鼠标左键添加一个控制点，如图4-7所示。

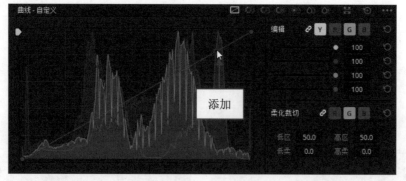

图4-7 添加一个控制点

步骤 06 按住鼠标左键并向上拖曳，同时观察预览窗口中画面色彩的变化，至合适位置后释放鼠标左键，如图4-8所示。

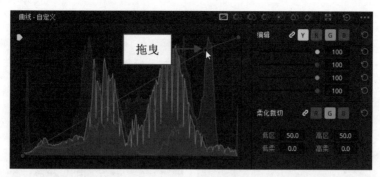

图 4-8　向上拖曳控制点

步骤 07　执行操作后，在预览窗口中可以显示效果，如图 4-9 所示，画面中上面的天空部分变蓝，但是下面的部分变暗了，需要微调一下暗部的亮度。

图 4-9　显示效果

步骤 08　在曲线编辑器的合适位置继续添加一个控制点，并拖曳至合适位置，如图 4-10 所示，在预览窗口中可以查看最终效果。

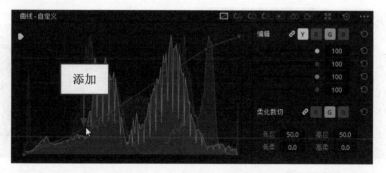

图 4-10　添加第 2 个控制点

4.2.2　使用色相 VS 色相调色

【效果展示】　在 "色相 对 色相" 面板中，曲线为横向水平线，从左到右的色彩范围为红、绿、蓝、红，曲线左右两端相连为同一色相，可以通过调节控制点，将素材图像画面中的色相改变成另一种色相，原图与效果对比如图4-11所示。

图4-11　原图与效果对比展示

步骤 01 打开一个项目文件，进入达芬奇"剪辑"步骤面板，如图4-12所示。

步骤 02 在预览窗口中，可以查看打开的项目效果，如图4-13所示。

图4-12　打开一个项目文件　　　　图4-13　查看打开的项目效果

步骤 03 切换至"调色"步骤面板，在"曲线"面板中，单击"色相 对 色相"按钮，如图4-14所示。

步骤 04 展开"曲线-色相 对 色相"模式面板，在面板的下方单击绿色色块，如图4-15所示。

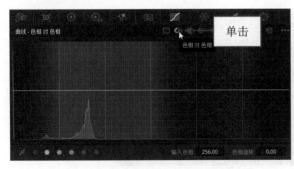 

图4-14　单击"色相 对 色相"按钮　　　图4-15　单击绿色色块

步骤 05 执行操作后，即可在曲线编辑器的曲线上添加3个控制点，选中第1个控制点，如图4-16所示。

步骤 06 按住鼠标左键并向下拖曳选中的控制点，至合适位置后释放鼠标左键，如图4-17所示，即可改变图像画面中的色相，在预览窗口中可以查看色相转变效果。

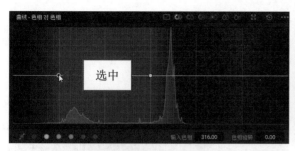

图 4-16 选中第 1 个控制点

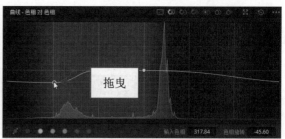

图 4-17 向下拖曳控制点

温馨提示

>>>>>>

在"色相 对 色相"面板的下方有 6 个色块,单击其中一个颜色色块,曲线编辑器的曲线上会自动在相应颜色色相范围内添加 3 个控制点,两端的两个控制点用来固定色相边界,中间的控制点用来调节。当然,两端的两个控制点也是可以调节的,可以根据需求调节相应控制点。

4.2.3 使用色相VS饱和度调色

【效果展示】"色相 对 饱和度"模式,其面板与"色相 对 色相"模式相差不大,但制作的效果却是不一样的。"色相 对 饱和度"模式可以校正图像画面中色相过度饱和或欠缺饱和的状况,原图与效果对比如图 4-18 所示。

图 4-18 原图与效果对比展示

步骤 01 打开一个项目文件,进入达芬奇"剪辑"步骤面板,如图 4-19 所示。

步骤 02 在预览窗口中,可以查看打开的项目效果,如图 4-20 所示,需要提高花朵的饱和度,并且不影响图像画面中的其他色调。

图 4-19 打开一个项目文件

图 4-20 查看打开的项目效果

步骤 03 切换至"调色"步骤面板，在"曲线"面板中，单击"色相 对 饱和度"按钮，如图4-21所示。

步骤 04 展开"曲线-色相 对 饱和度"模式面板，在面板的下方单击绿色色块，如图4-22所示。

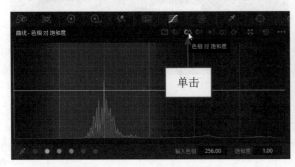

图4-21 单击"色相 对 饱和度"按钮　　　　　　图4-22 单击绿色色块

步骤 05 执行操作后，即可在曲线编辑器的曲线上添加3个控制点，选中第1个控制点，如图4-23所示。

步骤 06 按住鼠标左键并向上拖曳选中的控制点，至合适位置后释放鼠标左键，如图4-24所示。

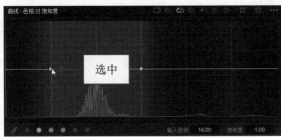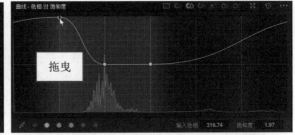

图4-23 选中第1个控制点　　　　　　图4-24 向上拖曳控制点

步骤 07 再次选中第2个控制点，按住鼠标左键并向上拖曳选中的控制点，至合适位置后释放鼠标左键，如图4-25所示。用同样的方法调节出自己想要的效果，在预览窗口中可以查看校正色相饱和度后的效果。

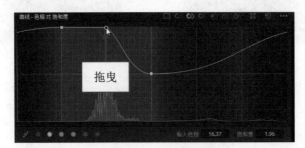

图4-25 向上拖曳控制点

4.2.4 使用亮度VS饱和度调色

【效果展示】"亮度 对 饱和度"模式主要是在图像原本的色调基础上进行调整，而不是在色相范围的基础上进行调整。在"亮度 对 饱和度"面板中，横轴的左边为黑色，表示图像画面的阴影部分；横轴的右边为白色，表示图像画面的高光部分。以水平曲线为界，上下拖曳曲线上的控制点，可以降低或提高指定区域的饱和度。使用"亮度 对 饱和度"模式调色，可以根据需求在画面的阴影处或明亮处调整饱和度，原图与效果对比如图4-26所示。

图4-26 原图与效果对比展示

步骤 01 打开一个项目文件，进入达芬奇"剪辑"步骤面板，如图4-27所示。

步骤 02 在预览窗口中，可以查看打开的项目效果，如图4-28所示，需要将画面中高光部分的饱和度提高。

打开

图4-27 打开一个项目文件

图4-28 查看打开的项目效果

步骤 03 切换至"调色"步骤面板，展开"曲线-亮度 对 饱和度"模式面板，按住【Shift】键的同时，在水平曲线上单击鼠标左键添加一个控制点，如图4-29所示。

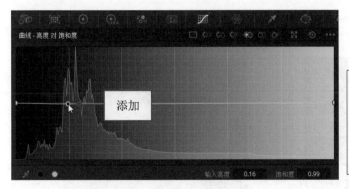

添加

图4-29 添加一个控制点

温馨提示

在"曲线"面板中，添加控制点的同时按住【Shift】键，可以防止添加控制点时移动位置。

步骤 04 选中添加的控制点并向上拖曳，直至下方面板中的"输入亮度"参数显示为0.17、"饱和度"参数显示为1.87，如图4-30所示，在预览窗口中可以查看提高饱和度后的效果。

图4-30　向上拖曳控制点

4.2.5 使用饱和度VS饱和度调色

【效果展示】"饱和度 对 饱和度"模式也是在图像原本的色调基础上进行调整,主要用于调节图像画面中过度饱和或饱和度不够的区域。在"饱和度 对 饱和度"面板中,横轴的左边为图像画面中的低饱和区,横轴的右边为图像画面中的高饱和区。以水平曲线为界,上下拖曳曲线上的控制点,可以降低或提高指定区域的饱和度,原图与效果对比如图4-31所示。

图4-31　原图与效果对比展示

步骤 01 打开一个项目文件,进入达芬奇"剪辑"步骤面板,如图4-32所示。

步骤 02 在预览窗口中,可以查看打开的项目效果,如图4-33所示。

图4-32　打开一个项目文件　　　　　　　图4-33　查看打开的项目效果

步骤 03 切换至"调色"步骤面板，展开"曲线-饱和度 对 饱和度"模式面板，按住【Shift】键的同时，在水平曲线的中间位置单击鼠标左键添加一个控制点，以此为分界点，左边为低饱和区，右边为高饱和区，如图4-34所示。

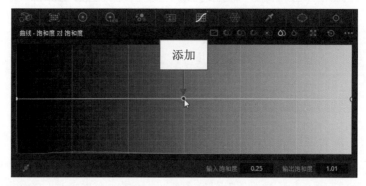

图4-34 添加一个控制点

温馨提示

>>>>>>>

在"曲线-饱和度 对 饱和度"曲线编辑器的水平曲线上添加一个控制点作为分界点，方便用户在调节低饱和区时，不影响到高饱和区的曲线，反之亦然。

步骤 04 在低饱和区的曲线上单击鼠标左键，再次添加一个控制点，如图4-35所示。

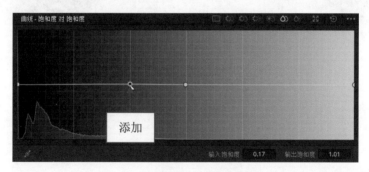

图4-35 再次添加一个控制点

步骤 05 选中添加的控制点并向上拖曳，直至下方面板中的"输入饱和度"参数显示为0.17、"输出饱和度"参数显示为1.97，如图4-36所示，在预览窗口中可以查看提高饱和度后的效果。

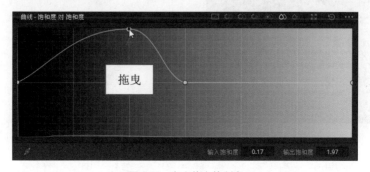

图4-36 向上拖曳控制点

4.3 创建选区进行抠像调色

对素材画面进行抠像调色，是二级调色必学的一个环节。DaVinci Resolve 18为用户提供了"限定器"面板，其中包含了4种抠像操作模式，分别是HSL限定器、RGB限定器、亮度限定器及3D限定器，可以帮助用户对素材图像创建选区，把不同亮度、不同色调的部分画面分离出来，然后根据亮度、风格、色调等需求，对分离出来的部分画面进行有针对性的色彩调节。

4.3.1 使用HSL限定器抠像调色

【效果展示】HSL限定器主要通过"拾取器"工具■根据素材图像的色相、饱和度及亮度来进行抠像。当用户使用"拾取器"工具在图像上进行色彩取样时，HSL限定器会自动对选取部分的色相、饱和度及亮度进行综合分析。下面通过实例介绍使用HSL限定器创建选区抠像调色的操作方法，原图与效果对比如图4-37所示。

图4-37 原图与效果对比展示

步骤 01 打开一个项目文件，进入达芬奇"剪辑"步骤面板，如图4-38所示。

步骤 02 在预览窗口中，可以查看打开的项目效果，如图4-39所示，需要在不改变画面中其他部分的情况下，将粉色背景改成绿色背景。

图4-38 打开一个项目文件

图4-39 查看打开的项目效果

步骤 03 切换至"调色"步骤面板，单击"限定器"按钮■，如图4-40所示，展开"限定器-HSL"面板。

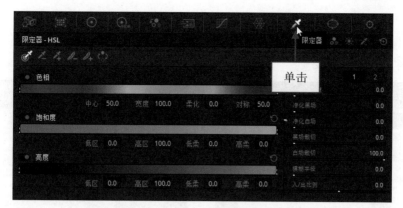

图4-40 单击"限定器"按钮

步骤 04 在"限定器-HSL"选项区中，单击"拾取器"按钮 ，如图4-41所示。执行操作后，光标随即转换为滴管工具。

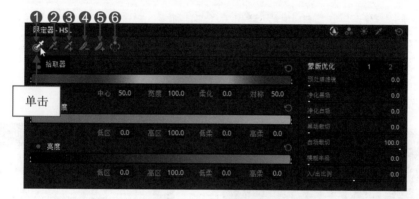

图4-41 单击"拾取器"按钮

温馨提示

在"限定器-HSL"选项区中共有6个工具按钮，其作用如下。

❶"拾取器"按钮 ：单击"拾取器"按钮，光标即可变为滴管工具，可以在预览窗口的图像素材上单击鼠标左键或拖曳光标，对相同颜色进行取样抠像。

❷"拾取器减"按钮 ：其操作方法与"拾取器"工具一样，可以在预览窗口的抠像上，通过单击或拖曳光标减少抠像区域。

❸"拾取器加"按钮 ：其操作方法与"拾取器"工具一样，可以在预览窗口的抠像上，通过单击或拖曳光标增加抠像区域。

❹"柔化减"按钮 ：单击该按钮，可以在预览窗口的抠像上，通过单击或拖曳光标减弱抠像区域的边缘。

❺"柔化加"按钮 ：单击该按钮，可以在预览窗口的抠像上，通过单击或拖曳光标优化抠像区域的边缘。

❻"反向"按钮 ：单击该按钮，可以在预览窗口中反选未被选中的抠像区域。

步骤 05 移动光标至"检视器"面板，单击"突出显示"按钮 ，如图4-42所示。此按钮可以使被选取的抠像区域突出显示在画面中，未被选取的区域画面将会呈灰色显示。

步骤 06 在预览窗口中，按住鼠标左键的同时拖曳光标，选取粉色区域，如图4-43所示，此时未被选取的区域画面呈灰色显示。在"限定器"面板中，设置"降噪"参数为58.0。

图4-42 单击"突出显示"按钮

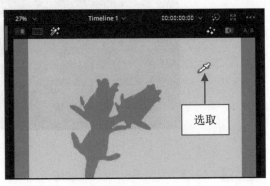

图4-43 选取粉色区域

步骤 07 完成抠像后，切换至"曲线-色相 对 色相"面板，单击红色色块，在曲线上添加3个控制点，选中第1个控制点，按住鼠标左键并向下拖曳，直至"输入色相"参数显示为257.10、"色相旋转"参数显示为-176.80，如图4-44所示。

步骤 08 执行操作后，即可将粉色背景改为绿色背景，再次单击"突出显示"按钮 ，如图4-45所示，恢复未被选取的区域画面，查看最终效果。

图4-44 拖曳控制点调整色相

图4-45 单击"突出显示"按钮

4.3.2 使用RGB限定器抠像调色

【效果展示】 RGB限定器主要根据红、绿、蓝3个颜色通道的范围和柔化来进行抠像，它可以更好地帮助用户解决图像上RGB色彩分离的情况。下面通过实例操作进行介绍，原图与效果对比如图4-46所示。

图4-46 原图与效果对比展示

步骤 01 打开一个项目文件，进入达芬奇"剪辑"步骤面板，如图 4-47 所示。

步骤 02 在预览窗口中，可以查看打开的项目效果，如图 4-48 所示，需要提高画面中天空的饱和度。

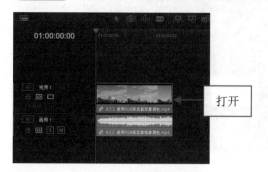

图 4-47　打开一个项目文件

图 4-48　查看打开的项目效果

步骤 03 切换至"调色"步骤面板，展开"限定器"面板，单击"RGB"按钮，如图 4-49 所示，展开"限定器-RGB"面板。

步骤 04 在"限定器-RGB"面板中，单击"拾取器"按钮，如图 4-50 所示。执行操作后，光标随即转换为滴管工具。

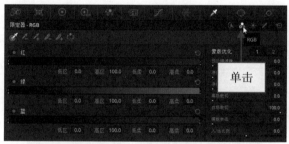

图 4-49　单击"RGB"按钮

图 4-50　单击"拾取器"按钮

步骤 05 移动光标至"检视器"面板，单击"突出显示"按钮，如图 4-51 所示。

步骤 06 在预览窗口中，按住鼠标左键的同时拖曳光标，选取天空区域画面，如图 4-52 所示，此时未被选取的区域画面呈灰色显示。

图 4-51　单击"突出显示"按钮

图 4-52　选取天空区域画面

步骤 07 完成抠像后，展开"一级-校色轮"面板，在面板的下方设置"饱和度"参数为 100.00，如图 4-53 所示，在预览窗口中可以查看最终效果。

图 4-53 设置"饱和度"参数

4.3.3 使用亮度限定器抠像调色

【效果展示】 亮度限定器选项面板与 HSL 限定器选项面板中的布局有些类似，差别在于亮度限定器选项面板中的色相和饱和度两个通道是禁止使用的，也就是说，亮度限定器只能通过亮度通道来分析素材图像中被选取的画面。下面通过实例操作进行介绍，原图与效果对比如图 4-54 所示。

图 4-54 原图与效果对比展示

步骤 01 打开一个项目文件，进入达芬奇"剪辑"步骤面板，如图 4-55 所示。

步骤 02 在预览窗口中，可以查看打开的项目效果，如图 4-56 所示，需要提高画面中灯光的亮度，使画面中的明暗对比更加明显。

图 4-55 打开一个项目文件　　　　　　图 4-56 查看打开的项目效果

步骤 03 切换至"调色"步骤面板，展开"限定器"面板，单击"亮度"按钮，如图 4-57 所示，展开"限定器-亮度"面板。

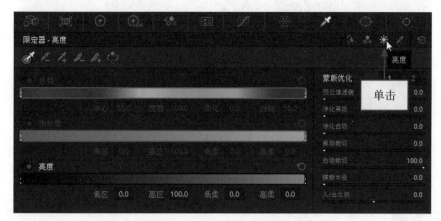

图 4-57　单击"亮度"按钮

步骤 04 在"限定器-亮度"选项区中，单击"拾取器"按钮 ，如图 4-58 所示。

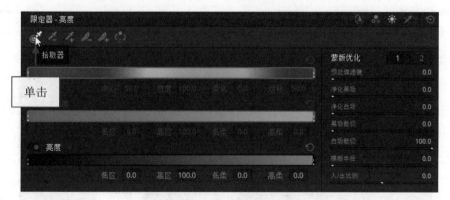

图 4-58　单击"拾取器"按钮

步骤 05 在"检视器"面板的上方，单击"突出显示"按钮 ，如图 4-59 所示。

步骤 06 在预览窗口中，单击鼠标左键选取画面中最亮的一处，同时相同亮度范围内的画面区域也会被选取，如图 4-60 所示。

图 4-59　单击"突出显示"按钮

图 4-60　选取画面中最亮的一处

步骤 07 在"限定器-亮度"面板中，"亮度"通道会自动分析选取画面的亮度范围，设置"降噪"参数为 50.0，如图 4-61 所示。

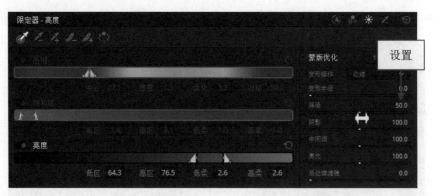

图4-61　设置"降噪"参数

温馨提示

用户可以根据需要，移动亮度滑块，扩大或缩小亮度选取范围。

步骤 08　完成抠像后，切换至"色轮"面板，向右拖曳"亮部"色轮下方的轮盘，直至参数均显示为7.06，如图4-62所示，在预览窗口中可以查看最终效果。

图4-62　拖曳"亮部"色轮下方的轮盘

4.3.4　使用3D限定器抠像调色

【效果展示】　在DaVinci Resolve 18中，使用3D限定器对图像素材进行抠像调色，只需要在"检视器"面板的预览窗口中画一条线，选取需要进行抠像的图像画面，即可创建3D键控。对选取的画面色彩进行采样后，即可对采集到的颜色根据亮度、色相、饱和度等需求进行调色，原图与效果对比如图4-63所示。

图4-63　原图与效果对比展示

步骤 01 打开一个项目文件，进入达芬奇"剪辑"步骤面板，如图4-64所示。

步骤 02 在预览窗口中，可以查看打开的项目效果，如图4-65所示。

图 4-64 打开一个项目文件

图 4-65 查看打开的项目效果

步骤 03 切换至"调色"步骤面板，单击"限定器"按钮，展开"限定器"面板，单击"3D"按钮，如图4-66所示。

步骤 04 在"限定器-3D"选项区中，单击"拾取器"按钮，在预览窗口的图像画面上画一条线，如图4-67所示。

图 4-66 单击"3D"按钮

图 4-67 画一条线

步骤 05 执行操作后，即可将采集到的颜色显示在"限定器"面板中，创建色块选区，如图4-68所示。

步骤 06 在"检视器"面板的上方，单击"突出显示"按钮，在预览窗口中可以查看被选取的区域画面，如图4-69所示。

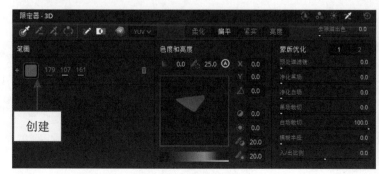

图 4-68 创建色块选区

图 4-69 单击"突出显示"按钮

温馨提示

〉〉〉〉〉

　　3D限定器支持用户在图像上画多条线，每条线所采集到的颜色都会显示在3D限定器面板中，同时还显示了采集颜色的RGB参数值。如果用户多采集了一种颜色，可以单击采样条右边的"删除"按钮■进行清除。

步骤 07 切换至"色轮"面板，按住"亮部"色轮中心的白色圆圈，向右上角的紫色方向拖曳，至合适位置后释放鼠标左键，调整"亮部"参数，如图4-70所示。

步骤 08 执行操作后，再次单击"突出显示"按钮⊠，如图4-71所示，恢复未被选取的区域画面。

图4-70　设置"亮部"参数

图4-71　单击"突出显示"按钮

步骤 09 在"限定器"面板中，单击"显示路径"按钮，如图4-72所示，返回"剪辑"步骤面板，在预览窗口中可以查看最终效果。

图4-72　单击"显示路径"按钮

创建窗口蒙版局部调色

　　前面介绍了如何使用限定器创建选区，对素材画面进行抠像调色的操作方法，本节要介绍的是如何创建蒙版，对素材画面进行局部调色的操作方法。相对来说，蒙版调色更加方便用户对素材进行细节处理。

4.4.1 认识窗口面板

在达芬奇"调色"步骤面板中，"限定器"面板的右边就是"窗口"面板，如图4-73所示，用户可以使用"四边形"工具、"圆形"工具、"多边形"工具、"曲线"工具及"渐变"工具在素材图像画面中绘制蒙版遮罩，对蒙版遮罩区域进行局部调色。

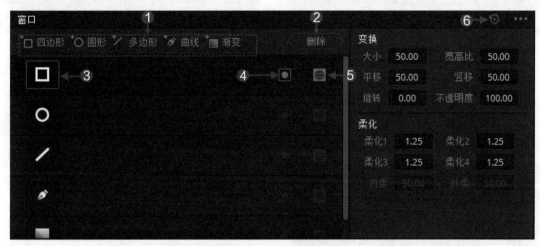

图 4-73 "窗口"面板

在面板的右侧有两个选项区，分别是"变换"选项区和"柔化"选项区。当用户绘制蒙版遮罩时，可以在这两个选项区中，对遮罩大小、宽高比、边缘柔化等参数进行微调，使需要调色的遮罩画面更加精准。

在"窗口"面板中，用户需要了解以下几个按钮的作用。

❶ 形状工具按钮 □四边形 ○圆形 ✏多边形 ✐曲线 ▦渐变 ：在"窗口"预设面板的上方，有四边形、圆形、多边形、曲线及渐变5个形状工具的按钮，单击任意一个形状工具的按钮，即可在下方的"窗口"预设面板中新增一条相应的形状窗口。

❷ "删除"按钮 删除 ：在"窗口"预设面板中选择新增的形状窗口，单击"删除"按钮，即可将形状窗口删除。

❸ "窗口激活"按钮 ▫ ：单击"窗口激活"按钮后，按钮四周会出现一个橘红色的边框 ▫ ，激活窗口后，即可在预览窗口的图像画面上绘制蒙版遮罩，再次单击"窗口激活"按钮，即可关闭形状窗口。

❹ "反向"按钮 ◉ ：单击该按钮，可以反向选中素材图像上蒙版遮罩选区之外的画面区域。

❺ "遮罩"按钮 ▦ ：单击该按钮，可以将素材图像上的蒙版设置为遮罩，可以用于多个蒙版窗口进行布尔运算。

❻ "全部重置"按钮 ◉ ：单击该按钮，可以将图像上绘制的形状窗口全部清除重置。

4.4.2 调整遮罩蒙版的形状

【效果展示】 应用"窗口"面板中的形状工具在图像画面上绘制选区，用户可以根据需要调整默认的蒙版尺寸大小、位置和形状。下面通过实例操作进行介绍，原图与效果对比如图4-74所示。

图4-74 原图与效果对比展示

步骤 01 打开一个项目文件,进入达芬奇"剪辑"步骤面板,如图4-75所示。

步骤 02 在预览窗口中,可以查看打开的项目效果,如图4-76所示,可以将视频分为两部分,一部分是河,属于阴影区域;另一部分是天空,属于明亮区域,画面中天空的颜色比较淡,没有蓝天白云的光彩,需要将明亮区域的饱和度调浓些。

图4-75 打开一个项目文件

图4-76 查看打开的项目效果

步骤 03 切换至"调色"步骤面板,单击"窗口"按钮，切换至"窗口"面板,如图4-77所示。

步骤 04 在"窗口"面板中,单击多边形"窗口激活"按钮，如图4-78所示。

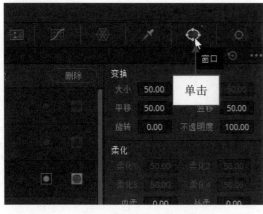

图4-77 单击"窗口"按钮

图4-78 单击多边形"窗口激活"按钮

步骤 05 在预览窗口的图像上会出现一个矩形蒙版,如图4-79所示。

步骤 06 拖曳蒙版四周的控制柄,调整蒙版的位置和形状大小,如图4-80所示。

图 4-79 出现一个矩形蒙版

图 4-80 调整蒙版的位置和形状大小

步骤 07 执行操作后，展开"色轮"面板，设置"饱和度"参数为 100.00，如图 4-81 所示，返回"剪辑"步骤面板，在预览窗口中可以查看蒙版遮罩调色效果。

图 4-81 设置"饱和度"参数

4.4.3 重置选定的形状窗口

【效果展示】 在"窗口"面板的右上角，有一个"全部重置"按钮 ，单击该按钮，可以将图像上绘制的形状窗口全部清除重置，非常适合用户绘制蒙版形状出错时进行批量清除操作。但是，当用户需要在多个形状窗口中单独重置其中一个形状窗口时，该如何操作呢？下面通过实例介绍具体操作方法，效果如图 4-82 所示。

步骤 01 打开一个项目文件，进入达芬奇"剪辑"步骤面板，如图 4-83 所示。

步骤 02 在预览窗口中，可以查看打开的项目效果，如图 4-84 所示。

图 4-82 重置选定的形状窗口效果

图 4-83 打开一个项目文件

图 4-84 查看打开的项目效果

步骤 03 切换至"调色"步骤面板，在"窗口"预设面板中，已经激活了 3 个形状窗口，如图 4-85 所示。

图 4-85 "窗口"预设面板

步骤 04 在预览窗口中，可以查看画面上绘制的 3 个蒙版形状，如图 4-86 所示。

步骤 05 在"窗口"预设面板中，选择曲线形状窗口，单击"窗口"面板右上角的"设置"按钮 ，在弹出的列表框中选择"重置所选窗口"选项，如图 4-87 所示。

图 4-86 查看绘制的 3 个蒙版形状

图 4-87 选择"重置所选窗口"选项

步骤 06 执行操作后，即可重置曲线形状窗口，预览窗口中人物上的蒙版已被清除，效果如图 4-88 所示。

图 4-88 清除蒙版效果

4.5 使用跟踪与稳定功能来调色

在达芬奇"调色"步骤面板中，有一个"跟踪器"面板，该功能比关键帧还实用，可以帮助用户锁定图像画面中的指定对象。本节主要介绍的是使用达芬奇的跟踪与稳定功能辅助二级调色的方法。

4.5.1 跟踪任务对象

【效果展示】 在"跟踪器"面板中，"跟踪"模式可以用来锁定跟踪对象的多种运动变化，它为用户提供了"平移"跟踪类型、"竖移"跟踪类型、"缩放"跟踪类型、"旋转"跟踪类型及"3D"跟踪类型等多项分析功能，跟踪对象的运动路径会显示在面板的曲线图上，"跟踪器"面板如图 4-89 所示。

图 4-89 "跟踪器"面板

"跟踪器"面板的各项功能按钮如下。

❶ 跟踪操作按钮 ：这组按钮与导览面板中的"播放"按钮虽然相似，但作用却是不一样的，从左到右分别是"向后跟踪一帧" 、"反向跟踪" 、"停止跟踪" 、"正向跟踪与反向跟踪" 、"正向跟

踪"▶及"向前跟踪一帧"▶，主要用于跟踪指定对象的运动画面。

❷ 跟踪类型 ✔ 平移 ✔ 竖移 ✔ 缩放 ✔ 旋转 ✔ 3D：在"跟踪器"面板中共有5种跟踪类型，分别是平移、竖移、缩放、旋转及3D，选中相应类型前面的复选框，便可以开始跟踪指定对象，待跟踪完成后，会显示相应类型的曲线，根据这些曲线评估每个跟踪参数。

❸ "片段"按钮 片段：跟踪器默认状态为"片段"模式，方便对窗口蒙版进行整体移动。

❹ "帧"按钮 帧：单击该按钮，切换为"帧"模式，对窗口的位置和控制点进行关键帧制作。

❺ "添加跟踪点"按钮：单击该按钮，可以在素材图像的指定位置或指定对象上添加一个或多个跟踪点。

❻ "删除跟踪点"按钮：单击该按钮，可以删除图像上添加的跟踪点。

❼ 跟踪模式下拉按钮 点跟踪∨：单击该按钮，在弹出的下拉列表中有两个选项，一个是"点跟踪"，另一个是"云跟踪"。"点跟踪"模式可以在图像上创建一个或多个十字架跟踪点，并且可以手动定位图像上比较特别的跟踪点；"云跟踪"模式可以自动跟踪图像上全部的跟踪点。

❽ 缩放滑块：在曲线图边缘有两个缩放滑块，拖曳纵向的滑块可以缩放曲线之间的间隙，拖曳横向的滑块可以拉长或缩短曲线。

❾ "窗口"按钮：单击该按钮，系统默认为"窗口"模式面板。

❿ "全部重置"按钮：单击该按钮，将重置在"跟踪器"面板中的所有操作。

⓫ "设置"按钮：单击该按钮，将弹出"跟踪器"面板的隐藏设置菜单。

下面通过实例介绍"窗口"模式跟踪器的使用方法，效果如图4-90所示。

图4-90 跟踪任务对象效果

步骤 01 打开一个项目文件，进入达芬奇"剪辑"步骤面板，如图4-91所示。

步骤 02 在预览窗口中，可以查看打开的项目效果，如图4-92所示，需要对图像中的花朵进行调色。

图4-91 打开一个项目文件　　图4-92 查看打开的项目效果

步骤 03 切换至"调色"步骤面板，在"窗口"面板中，单击曲线"窗口激活"按钮，如图4-93所示。

步骤 04 在预览窗口的花朵上，沿边缘绘制一个蒙版遮罩，如图4-94所示。

图4-93 单击曲线"窗口激活"按钮

图4-94 绘制一个蒙版遮罩

步骤 05 切换至"色轮"面板，设置"饱和度"参数为80.00，如图4-95所示。

步骤 06 在"检视器"面板中，单击"播放"按钮播放视频，在预览窗口中可以看到，当画面中花的位置发生变化时，绘制的蒙版依旧停在原处，蒙版位置没有发生任何变化，此时花与蒙版分离，调整的饱和度只用于蒙版选区，分离后的花饱和度便恢复了原样，如图4-96所示。

图4-95 设置"饱和度"参数

图4-96 花与蒙版分离

步骤 07 单击"跟踪器"按钮 ⬡，展开"跟踪器"面板，如图4-97所示。

图4-97 单击"跟踪器"按钮

步骤 08 在面板的下方选中"交互模式"复选框，单击"插入"按钮 ▮，如图4-98所示。

图4-98　单击"插入"按钮

步骤 09 在面板的上方，单击"正向跟踪"按钮 ，如图4-99所示。

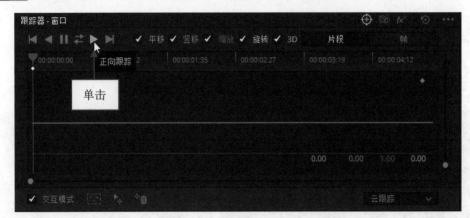

图4-99　单击"正向跟踪"按钮

步骤 10 执行操作后，即可查看跟踪对象曲线图的变化数据，如图4-100所示，其中平移曲线的数据变化最明显。

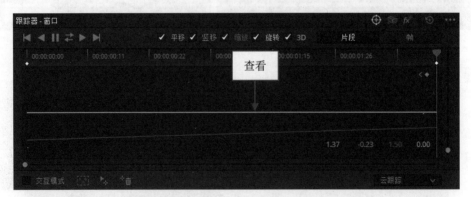

图4-100　查看跟踪对象曲线图的变化数据

步骤 11 在"检视器"面板中，单击"播放"按钮播放视频，查看添加跟踪器后的蒙版效果，如图4-101所示。切换至"剪辑"步骤面板，在预览窗口中可以查看最终的制作效果。

图4-101 查看添加跟踪器后的蒙版效果

4.5.2 稳定视频画面

【效果展示】当摄影师手抖或扛着摄影机走动时，拍出来的视频会出现画面抖动的情况，用户往往需要通过一些视频剪辑软件进行稳定处理。DaVinci Resolve 18虽然是一个调色软件，但也具有稳定器功能，可以稳定抖动的视频画面，帮助用户制作出效果更好的作品，效果如图4-102所示。

图4-102 稳定视频画面效果

步骤 01 打开一个项目文件，进入达芬奇"剪辑"步骤面板，如图4-103所示。

步骤 02 在预览窗口中，可以查看打开的项目效果，如图4-104所示，可以看到图像画面有轻微的晃动，需要对图像进行稳定处理。

打开

图 4-103　打开一个项目文件

图 4-104　查看打开的项目效果

步骤 03 切换至"调色"步骤面板，在"跟踪器"面板的右上角，单击"稳定器"按钮 ，如图 4-105 所示，即可切换至"稳定器"模式面板。

图 4-105　单击"稳定器"按钮

步骤 04 用户可以在面板的下方微调Cropping Ratio、平滑及强度等参数，单击"稳定"按钮，如图 4-106 所示。

图 4-106　单击"稳定"按钮

步骤 05 执行操作后，即可通过稳定器稳定抖动画面，曲线图变化参数如图 4-107 所示，在预览窗口中单击"播放"按钮 ，查看稳定效果。

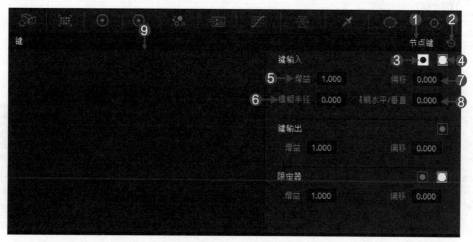

图 4-107　曲线图变化参数

使用 Alpha 通道控制调色的区域

一般来说，图片或视频都带有表示颜色信息的RGB通道和表示透明信息的Alpha通道。Alpha通道由黑白图表示图片或视频的图像画面，其中白色代表图像中完全不透明的画面区域，黑色代表图像中完全透明的画面区域，灰色代表图像中半透明的画面区域。本节主要介绍使用Alpha通道控制调色区域的方法和技巧。

4.6.1　认识"键"面板

在DaVinci Resolve 18中，"键"指的是Alpha通道，用户可以在节点上绘制遮罩窗口或抠像选区来制作"键"，通过调整节点控制素材图像调色的区域。图4-108所示为达芬奇"键"面板。

图 4-108　"键"面板

"键"面板的各项功能按钮如下。

❶ 键类型：选择不同的节点类型，键类型会随之转变。

❷ "全部重置"按钮 ⬛：单击该按钮，将重置"键"面板中的所有操作。

❸ "蒙版/遮罩"按钮 ⬛：单击该按钮，可以反向键输入的抠像。

❹"键"按钮▣: 单击该按钮, 可以将键转换为遮罩。

❺增益: 在右侧的文本框中将参数提高, 可以使键输入的白点更白, 降低文本框中的参数则相反, 增益值不影响键的纯黑色。

❻模糊半径: 设置该参数, 可以调整键输入的模糊度。

❼偏移: 设置该参数, 可以调整键输入的整体亮度。

❽模糊水平/垂直: 设置该参数, 可以在键输入上横向控制模糊的比例。

❾键图示: 直观显示键的图像, 方便用户查看。

4.6.2 使用Alpha通道

【效果展示】在DaVinci Resolve 18中, 当用户在"节点"面板中选择一个节点后, 可以通过设置"键"面板中的参数来控制节点输入或输出的Alpha通道数据。下面介绍使用Alpha通道制作暗角效果的操作方法, 原图与效果对比如图4-109所示。

图4-109 原图与效果对比展示

步骤 01 打开一个项目文件, 在预览窗口中可以查看打开的项目效果, 如图4-110所示。

步骤 02 切换至"调色"步骤面板, 展开"窗口"面板, 在"窗口"预设面板中, 单击圆形"窗口激活"按钮◯, 如图4-111所示。

图4-110 查看打开的项目效果　　　图4-111 单击圆形"窗口激活"按钮

步骤 03 在预览窗口中, 拖曳圆形蒙版蓝色方框上的控制柄, 调整蒙版大小和位置, 如图4-112所示。

步骤 04 拖曳蒙版白色圆框上的控制柄, 调整蒙版羽化区域, 如图4-113所示。

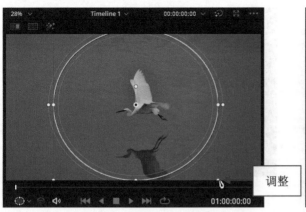

图 4-112　调整蒙版大小和位置　　　　　　　图 4-113　调整蒙版羽化区域

步骤 05　窗口蒙版绘制完成后，在"节点"面板中，选择编号为 01 的节点，如图 4-114 所示。

步骤 06　将 01 节点上的"键输入" ▶ 与"源" ◦ 相连，如图 4-115 所示。

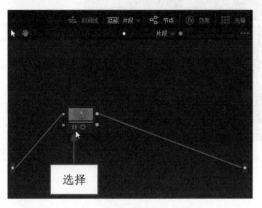

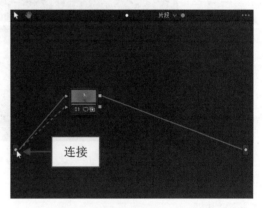

图 4-114　选择编号为 01 的节点　　　　　　　图 4-115　将"键输入"与"源"相连

步骤 07　在空白位置单击鼠标右键，弹出快捷菜单，选择"添加 Alpha 输出"选项，如图 4-116 所示。

步骤 08　即可在面板中添加一个"Alpha 最终输出"图标 ◦ ，如图 4-117 所示。

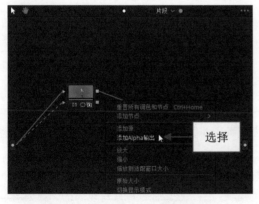

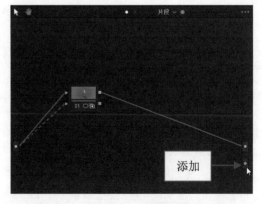

图 4-116　选择"添加 Alpha 输出"选项　　　　　图 4-117　添加一个"Alpha 最终输出"图标

步骤 09　将 01 节点上的"键输出" ■ 与"Alpha 最终输出" ◦ 相连，如图 4-118 所示。

步骤 10　在预览窗口中，可以查看应用 Alpha 通道的初步效果，如图 4-119 所示。

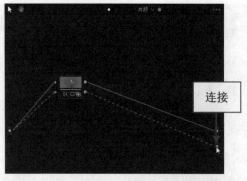
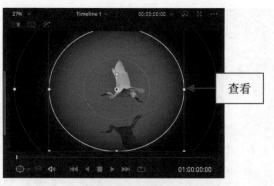

图4-118　将"键输出"与"Alpha最终输出"相连　　　图4-119　查看应用Alpha通道的初步效果

步骤 11 切换至"键"面板，在"键输入"下方设置"增益"参数为0.900，在"键输出"下方设置"偏移"参数为−0.044，如图4-120所示。切换至"剪辑"步骤面板，在预览窗口中可以查看最终的画面效果。

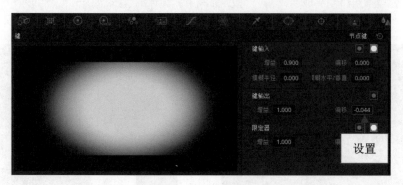

图4-120　设置相应参数

使用"模糊"功能虚化视频画面

在达芬奇"调色"步骤面板中，"模糊"面板有3种不同的操作模式，分别是"模糊""锐化"及"雾化"，每种模式都有独立的操作面板，用户可以配合限定器、窗口、跟踪器等功能对图像画面进行二级调色。

4.7.1　对视频进行模糊处理

【效果展示】 在"模糊"面板中，"模糊"操作模式面板是该功能的默认面板，通过调整面板中的通道滑块，可以为图像制作出高斯模糊效果。

将"半径"通道的滑块向上调整，可以增加图像的模糊度；将"半径"通道的滑块向下调整，则可以降低图像的模糊度，增加锐化度。将"水平/垂直比率"通道的滑块向上调整，被模糊或锐化后的图像会沿水平方向扩大影响范围；将"水平/垂直比率"通道的滑块向下调整，被模糊或锐化后的图像则会沿垂直方向扩大影响范围。下面通过实例介绍对视频局部进行模糊处理的操作方法，原图与效果对比如图4-121所示。

图 4-121　原图与效果对比展示

步骤 01 打开一个项目文件，进入达芬奇"剪辑"步骤面板，如图 4-122 所示。

步骤 02 在预览窗口中，可以查看打开的项目效果，如图 4-123 所示。

图 4-122　打开一个项目文件　　　　　　　　图 4-123　查看打开的项目效果

步骤 03 切换至"调色"步骤面板，在"窗口"预设面板中，单击圆形"窗口激活"按钮，如图 4-124 所示。

步骤 04 在预览窗口中，创建一个圆形蒙版遮罩，选取相应花朵，如图 4-125 所示。

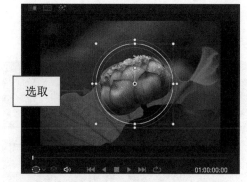

图 4-124　单击圆形"窗口激活"按钮　　　　图 4-125　选取相应花朵

步骤 05 在"窗口"预设面板中，单击"反向"按钮，反向选取花朵，如图 4-126 所示。

步骤 06 在"柔化"选项区中，设置"柔化 1"参数为 3.33，柔化选区图像边缘，如图 4-127 所示。

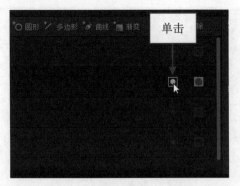

图4-126 单击"反向"按钮

图4-127 设置"柔化1"参数

步骤 07 切换至"跟踪器"面板，在面板的下方选中"交互模式"复选框，单击"插入"按钮▓，插入特征跟踪点，单击"正向跟踪"按钮▶，跟踪图像运动路径，如图4-128所示。

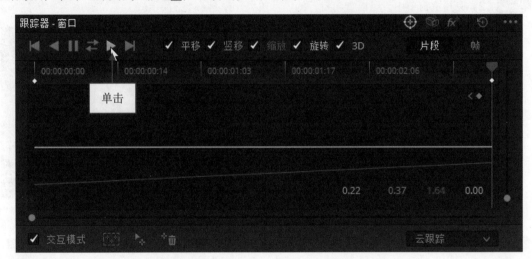

图4-128 单击"正向跟踪"按钮

步骤 08 单击"模糊"按钮◣，切换至"模糊"面板，如图4-129所示。

步骤 09 向上拖曳"半径"通道控制条上的滑块，直至参数均显示为1.83，如图4-130所示，即可完成对视频局部进行模糊处理的操作。切换至"剪辑"步骤面板，在预览窗口中可以查看最终效果。

图4-129 单击"模糊"按钮

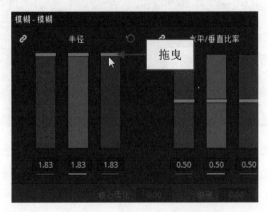

图4-130 拖曳控制条上的滑块

4.7.2　对视频进行锐化处理

【**效果展示**】虽然在"模糊"操作模式面板中，降低"半径"通道的RGB参数可以提高图像的锐化度，但"锐化"操作模式面板是专门用来调整图像锐化的，如图4-131所示。

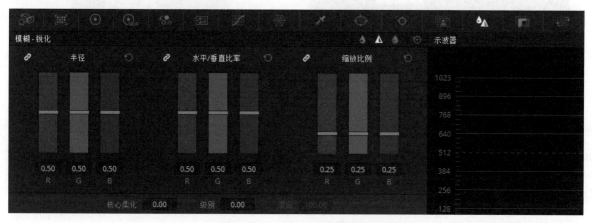

图4-131　"锐化"操作模式面板

相较于"模糊"操作模式面板而言，"锐化"操作模式面板中除了"混合"参数无法调控设置，"缩放比例""核心柔化"及"级别"均可进行调控设置。这3个控件的作用如下。

☆**缩放比例**："缩放比例"通道的作用取决于"半径"通道的参数设置，当"半径"通道的RGB参数值在0.5或以上时，"缩放比例"通道不会起作用；当"半径"通道的RGB参数值在0.5以下时，向上拖曳"缩放比例"通道滑块，可以增加图像画面锐化的量，向下拖曳"缩放比例"通道滑块，可以减少图像画面锐化的量。

☆**核心柔化和级别**：核心柔化和级别是配合使用的，两者是相互影响的关系。"核心柔化"主要作用于调节图像中没有锐化的细节区域，当"级别"参数值为0时，"核心柔化"能锐化的细节区域不会发生太大的变化；当"级别"参数值越高（最大值为100.0），"核心柔化"能锐化的细节区域越大。

下面通过实例介绍对视频局部进行锐化处理的操作方法，原图与效果对比如图4-132所示。

图4-132　原图与效果对比展示

步骤 01 打开一个项目文件，进入达芬奇"剪辑"步骤面板，如图4-133所示。

步骤 02 在预览窗口中，可以查看打开的项目效果，如图4-134所示，需要对画面中的花叶进行锐化处理。

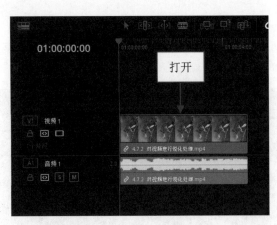

图4-133 打开一个项目文件

图4-134 查看打开的项目效果

步骤 03 切换至"调色"步骤面板，单击"限定器"按钮，切换至"限定器"面板，如图4-135所示。

步骤 04 单击"拾取器"按钮，在预览窗口中选取花叶并突出显示，如图4-136所示。

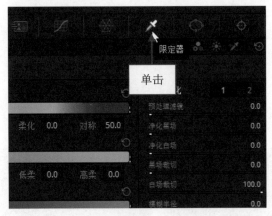

图4-135 单击"限定器"按钮

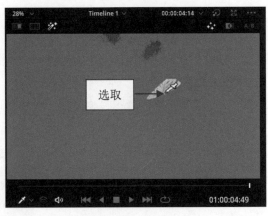

图4-136 选取花叶

步骤 05 切换至"模糊"面板，单击"锐化"按钮，如图4-137所示。

步骤 06 切换至"模糊-锐化"面板，向上拖曳"半径"通道控制条上的滑块，直至参数均显示为1.44，如图4-138所示，即可完成对视频局部进行锐化处理的操作。切换至"剪辑"步骤面板，在预览窗口中可以查看最终效果。

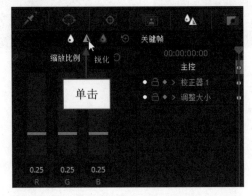

图4-137 单击"锐化"按钮

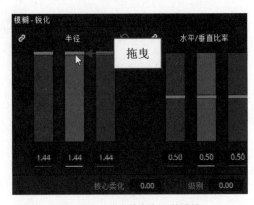

图4-138 拖曳控制条上的滑块

4.7.3 对视频进行雾化处理

【效果展示】"半径"通道的默认 RGB 参数值为 0.50，向上拖曳滑块可以制作模糊效果，向下拖曳滑块可以制作锐化效果。在"雾化"操作模式面板中，当用户向下拖曳"半径"通道控制条上的滑块使参数值变小时，降低"混合"参数值，即可制作出画面雾化的效果。下面通过实例介绍对视频局部进行雾化处理的操作方法，原图与效果对比如图 4-139 所示。

图 4-139　原图与效果对比展示

步骤 01 打开一个项目文件，进入达芬奇"剪辑"步骤面板，如图 4-140 所示。

步骤 02 在预览窗口中，可以查看打开的项目效果，如图 4-141 所示，需要对图像画面制作出雾化朦胧的效果。

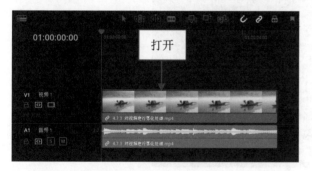

图 4-140　打开一个项目文件　　　　　　　　　　图 4-141　查看打开的项目效果

步骤 03 切换至"调色"步骤面板，单击"模糊"按钮 ，如图 4-142 所示。

步骤 04 展开"模糊"面板，单击"雾化"按钮 ，如图 4-143 所示。

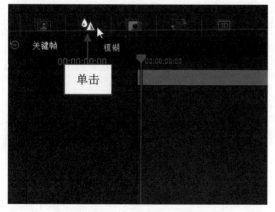

图 4-142　单击"模糊"按钮　　　　　　　　　　图 4-143　单击"雾化"按钮

步骤 05 展开"模糊-雾化"面板,在"混合"文本框中输入参数为0.00,如图4-144所示。

步骤 06 执行操作后,单击"半径"通道左上角的"链接"按钮🔗,断开控制条的链接,如图4-145所示。

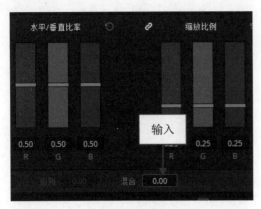

图4-144 输入相应参数

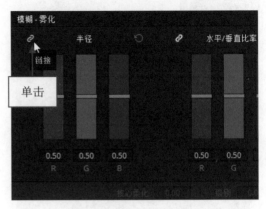

图4-145 单击"链接"按钮

步骤 07 向下拖曳"半径"通道控制条上的滑块,设置参数分别为0.62、0.21、0.50,如图4-146所示,即可完成对视频局部进行雾化处理的操作。切换至"剪辑"步骤面板,在预览窗口中可以查看制作效果。

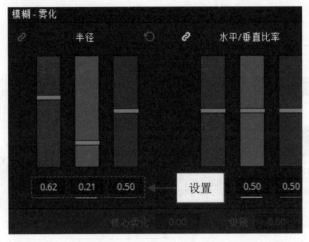

图4-146 设置"半径"参数

第 **5** 章

对人像视频
进行美颜

—— 学 习 提 示 ——

　　调色是视频中不可缺少的部分，调出精美的色调可以让视频更加出彩。而达芬奇软件是一款非常不错的调色软件，它可以实现各种精彩的视频效果，提高用户的办公效率。学会这些操作，可以制作出画面更加精美的短视频作品。

本章重点导航

- 本章重点1——人像视频调色处理
- 本章重点2——制作抖音热门视频

5.1 人像视频调色处理

在DaVinci Resolve 18中，用户可以对拍摄效果不够好的视频进行调色处理，以获得满意的视频效果；还可以通过调色将视频调成另一个色调效果。本节主要介绍在DaVinci Resolve 18中进行人像视频调色处理的操作方法。

5.1.1 去除杂色，保留人物色彩

【效果展示】 在达芬奇中，串行节点调色是最简单的节点组合，上一个节点的RGB调色信息，会通过RGB信息连接线传递输出，作用于下一个节点上，基本上可以满足用户的调色需求。下面介绍添加串行节点，去除人像视频背景杂色的操作方法，原图与效果对比如图5-1所示。

图5-1　原图与效果对比展示

步骤 01 打开一个项目文件，如图5-2所示，在预览窗口中可以查看打开的项目效果。

步骤 02 切换至"调色"步骤面板，在"节点"面板中，选择编号为01的节点，可以看到01节点上没有任何的调色图标，表示当前素材并未有过调色处理，如图5-3所示。

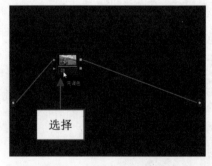

图5-2　打开一个项目文件　　　　　　　图5-3　选择编号为01的节点

步骤 03 在左上角单击"LUT"按钮 ，展开LUT面板，在下方的选项面板中，展开"Blackmagic Design"选项卡，选择相应的模型样式，如图5-4所示。

步骤 04 按住鼠标左键并拖曳至预览窗口的图像画面上，释放鼠标左键，即可将选择的模型样式添加至视频素材上，色彩校正效果如图5-5所示。

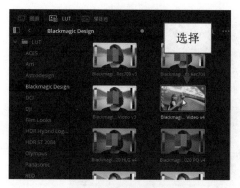

图5-4 选择相应的模型样式

图5-5 色彩校正效果

步骤 05 在"节点"面板的01节点上单击鼠标右键，弹出快捷菜单，选择"添加节点"|"添加串行节点"选项，如图5-6所示。

步骤 06 执行操作后，即可添加一个编号为02的串行节点，如图5-7所示。由于串行节点是上下层关系，上层节点的调色效果会传递给下层节点，因此新增的02节点会保持01节点的调色效果，在01节点调色的基础上，即可继续在02节点上进行调色。

图5-6 选择"添加串行节点"选项

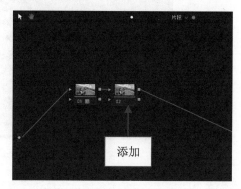

图5-7 添加02串行节点

步骤 07 切换至"曲线-色相 对 饱和度"面板，在面板的下方单击绿色色块，如图5-8所示。

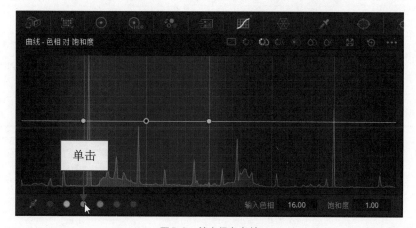

图5-8 单击绿色色块

步骤 08 执行操作后，即可在曲线上添加3个调色节点，在左边添加一个相应的调色节点，如图5-9所示。

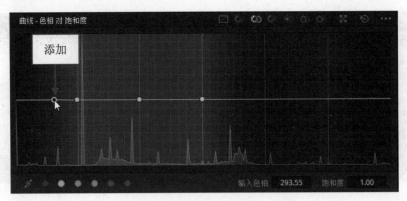

图5-9 添加一个调色节点

步骤 09 选中第2个节点，按住鼠标左键的同时垂直向下拖曳，或者在"输入色相"文本框中输入参数为316.18，在"饱和度"文本框中输入参数为0.02，如图5-10所示。

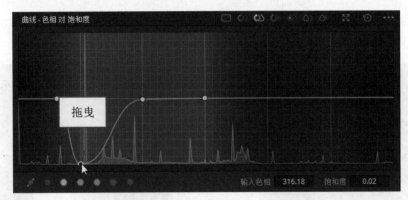

图5-10 向下拖曳

步骤 10 选中第3个节点，按住鼠标左键的同时垂直向下拖曳，或者在"输入色相"文本框中输入参数为68.80，在"饱和度"文本框中输入参数为0.02，如图5-11所示。执行操作后，在预览窗口中可以查看去除杂色后的画面效果。

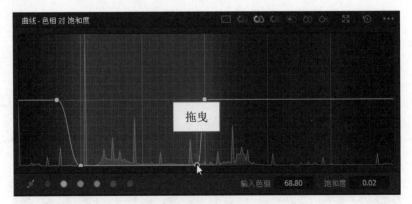

图5-11 向下拖曳

5.1.2 抖音视频脸部柔光调整

【效果展示】 在达芬奇中，图层节点的架构与并行节点相似，但并行节点会将架构中每一个节点的调色结果叠加混合输出，而图层节点的架构中，最后一个节点会覆盖上一个节点的调色结果。例如，第1个节点为红色，第2个节点为绿色，通过并行混合器输出的结果为二者叠加混合生成的黄色，通过图层混合器输出的结果则为绿色。下面介绍运用图层节点进行脸部柔光调整的操作方法，原图与效果对比如图5-12所示。

图5-12 原图与效果对比展示

步骤 01 打开一个项目文件，如图5-13所示，需要为画面中的人物脸部添加柔光效果。

步骤 02 切换至"调色"步骤面板，在"节点"面板中，选择编号为01的节点，如图5-14所示，在鼠标指针的右下角弹出了"无调色"提示框，表示当前素材并未有过调色处理。

 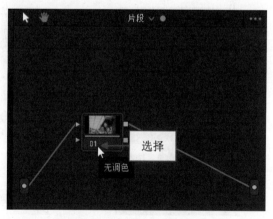

图5-13 打开一个项目文件　　　　　　　　图5-14 选择编号为01的节点

步骤 03 展开"曲线-自定义"模式面板，在曲线编辑器的左上角，按住鼠标左键的同时向下拖曳滑块至合适位置，如图5-15所示。

步骤 04 执行操作后，即可降低画面明暗反差，效果如图5-16所示。

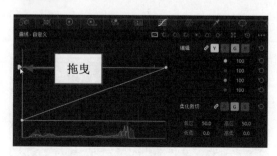 

图5-15 向下拖曳滑块至合适位置　　　　　图5-16 降低画面明暗反差

步骤 05 在"节点"面板的01节点上单击鼠标右键，弹出快捷菜单，选择"添加节点"|"添加图层节

点"选项，如图5-17所示。

步骤 06 执行操作后，即可在"节点"面板中添加一个"图层混合器"和一个编号为02的图层节点，如图5-18所示。

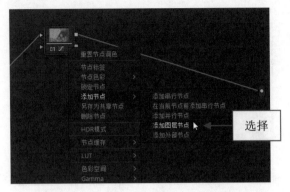

图5-17 选择"添加图层节点"选项

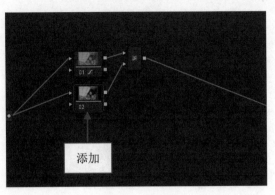

图5-18 添加02图层节点

步骤 07 在"节点"面板的"图层混合器"上单击鼠标右键，弹出快捷菜单，选择"合成模式"|"强光"选项，如图5-19所示。

步骤 08 执行操作后，在预览窗口中可以查看强光效果，如图5-20所示。

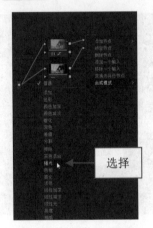

图5-19 选择"强光"选项

图5-20 查看强光效果

步骤 09 在"节点"面板中，选择编号为02的节点，如图5-21所示。

步骤 10 展开"曲线-自定义"模式面板，在曲线上添加两个控制点并调整至合适位置，如图5-22所示。

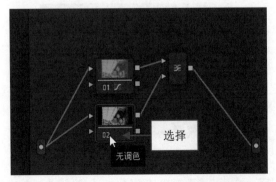

图5-21 选择编号为02的节点

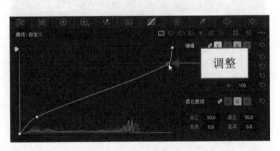

图5-22 调整控制点

温馨提示 》》》》》

在"曲线-自定义"曲线编辑器中，曲线的斜对角上有两个默认的控制点，除了可以调整在曲线上添加的控制点，斜对角上的两个控制点也是可以移动位置调整画面明暗亮度的。

步骤 11 执行操作后，即可对画面明暗反差进行修正，使亮部与暗部的画面更柔和，效果如图5-23所示。

步骤 12 展开"模糊"面板，向上拖曳"半径"通道控制条上的滑块，直至参数均显示为0.77，如图5-24所示。执行操作后，即可增加模糊度，使画面出现柔光效果。

图5-23 对画面明暗反差进行修正

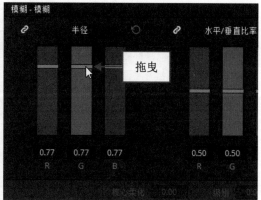

图5-24 拖曳控制条上的滑块

5.1.3 对人像进行抠像处理

【效果展示】 通过前文的学习，我们了解到DaVinci Resolve 18是可以对含有Alpha通道信息的素材图像进行调色处理的。不仅如此，DaVinci Resolve 18还可以对含有Alpha通道信息的素材画面进行抠像处理，效果如图5-25所示。

图5-25 对人像进行抠像处理效果

步骤 01 打开一个项目文件，如图5-26所示。

步骤 02 在"时间线"面板中，V1轨道上的素材为背景素材，双击鼠标左键，在预览窗口中可以查看背景素材画面效果，如图5-27所示。

图5-26　打开一个项目文件

图5-27　查看背景素材画面效果

步骤 03 在"时间线"面板中，V2轨道上的素材为待处理的蒙版素材，双击鼠标左键，在预览窗口中可以查看蒙版素材画面效果，如图5-28所示。

步骤 04 切换至"调色"步骤面板，单击"窗口"按钮◉，展开"窗口"面板，如图5-29所示。

图5-28　查看蒙版素材画面效果

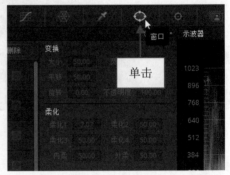
图5-29　单击"窗口"按钮

步骤 05 在"窗口"预设面板中，单击曲线"窗口激活"按钮，如图5-30所示。

步骤 06 在预览窗口的图像上绘制一个窗口蒙版，如图5-31所示。

图5-30　单击曲线"窗口激活"按钮

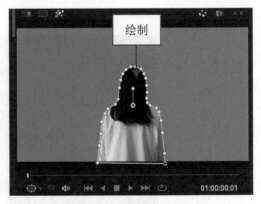
图5-31　绘制一个窗口蒙版

步骤 07 在"节点"面板的空白位置单击鼠标右键，弹出快捷菜单，选择"添加Alpha输出"选项，如图5-32所示。

步骤 08 在"节点"面板的右侧，即可添加一个"Alpha最终输出"图标，如图5-33所示。

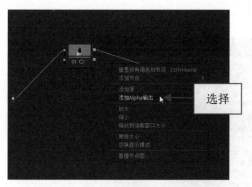

图5-32　选择"添加Alpha输出"选项

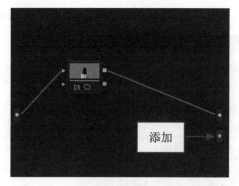

图5-33　添加一个"Alpha最终输出"图标

步骤 09 将01节点上的"键输出"图标■与"Alpha最终输出"图标■相连，如图5-34所示。

步骤 10 切换至"剪辑"步骤面板，双击V2轨道上的素材，展开"检查器"|"视频"选项卡，如图5-35所示。

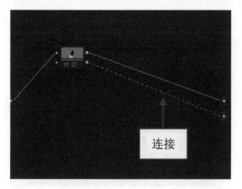

图5-34　将"键输出"与"Alpha最终输出"相连

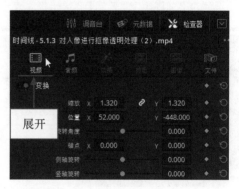

图5-35　展开"检查器"|"视频"选项卡

步骤 11 在下方的面板中，设置"缩放"X参数为0.540、Y参数为0.540，如图5-36所示。

步骤 12 在下方的面板中，设置"位置"X参数为15.000、Y参数为-274.000，如图5-37所示。执行操作后，在预览窗口中可以查看素材抠像透明处理的最终效果。

图5-36　设置"缩放"参数

图5-37　设置"位置"参数

5.1.4　让人像画面变得更加透亮

【效果展示】 当用户拍摄出来的人像视频画面比较灰暗时，可以在DaVinci Resolve 18中调出清透的色调，让视频中的人像画面更加清新透亮，原图与效果对比如图5-38所示。

图5-38　原图与效果对比展示

步骤 01 打开一个项目文件，在预览窗口中可以查看打开的项目效果，如图5-39所示。

步骤 02 切换至"调色"步骤面板，在"节点"面板中，选择编号为01的节点，如图5-40所示，在鼠标指针的右下角弹出了"无调色"提示框，表示当前素材并未有过调色处理。

 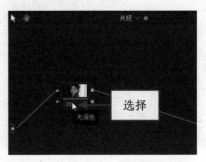

图5-39　查看打开的项目效果　　　　　　　　图5-40　选择编号为01的节点

步骤 03 单击鼠标右键，弹出快捷菜单，选择"添加节点"|"添加串行节点"选项，如图5-41所示。

步骤 04 执行操作后，即可在"节点"面板中添加一个编号为02的串行节点，如图5-42所示。

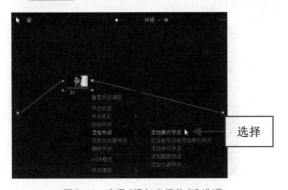 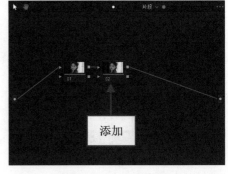

图5-41　选择"添加串行节点"选项　　　　　　图5-42　添加02串行节点

步骤 05 在02节点上单击鼠标右键，弹出快捷菜单，选择"添加节点"|"添加图层节点"选项，如图5-43所示。

步骤 06 执行操作后，即可在"节点"面板中添加一个"图层混合器"和一个编号为03的图层节点，如图5-44所示。

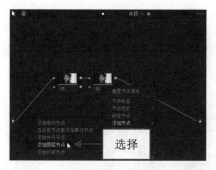

图5-43 选择"添加图层节点"选项

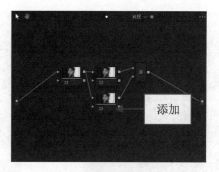

图5-44 添加03图层节点

步骤 07 选择编号为03的节点，展开"色轮"面板，选中"亮部"色轮中心的白色圆圈，按住鼠标左键的同时往青蓝色方向拖曳，直至参数分别显示为1.00、0.87、1.02、1.21，如图5-45所示。

步骤 08 用同样的方法，选中"偏移"色轮中心的白色圆圈，按住鼠标左键的同时往青蓝色方向拖曳，直至参数分别显示为19.82、25.38、31.34，如图5-46所示。

图5-45 拖曳"亮部"色轮中心的白色圆圈

图5-46 拖曳"偏移"色轮中心的白色圆圈

步骤 09 在预览窗口中，可以查看画面色彩调整效果，如图5-47所示。

步骤 10 在"节点"面板中，选择"图层混合器"，如图5-48所示。

图5-47 查看画面色彩调整效果

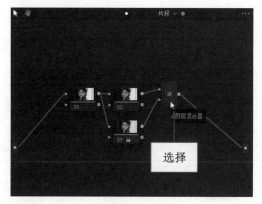

图5-48 选择"图层混合器"

步骤 11 执行操作后，单击鼠标右键，弹出快捷菜单，选择"合成模式"|"滤色"选项，如图5-49所示。

步骤 12 执行操作后，在预览窗口中可以查看应用滤色合成模式的画面效果，如图5-50所示，可以看到画面中的亮度有点偏高，需要降低画面中的亮度。

图5-49 选择"滤色"选项

图5-50 查看应用滤色合成模式的画面效果

步骤 13 在"节点"面板中，选择编号为01的节点，如图5-51所示。

步骤 14 在"色轮"面板中，向左拖曳"亮部"色轮下方的轮盘，直至参数均显示为0.82，如图5-52所示。执行操作后，在预览窗口中可以查看视频画面效果。

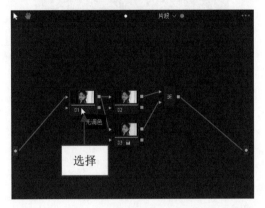

图5-51 选择编号为01的节点

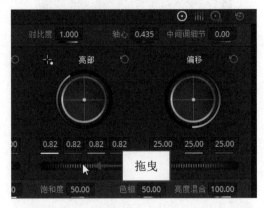

图5-52 拖曳"亮部"色轮下方的轮盘

5.1.5 修复人物皮肤局部的肤色

【效果展示】 前期拍摄人物时，或多或少都会受到周围的环境、光线的影响，导致人物肤色不正常，而在达芬奇的矢量图示波器中可以显示人物肤色指示线，用户可以通过矢量图示波器来修复人物肤色，原图与效果对比如图5-53所示。

步骤 01 打开一个项目文件，在预览窗口中可以查看打开的项目效果，如图5-54所示，画面中的人物肤色偏黄偏暗，需要还原画面中人物的肤色。

步骤 02 切换至"调色"步骤面板，在"节点"面板中，选择编号为01的节点，如图5-55所示，在鼠标指针的右下角弹出了"无调色"提示框，表示当前素材并未有过调色处理。

图5-53 原图与效果对比展示

图5-54　查看打开的项目效果

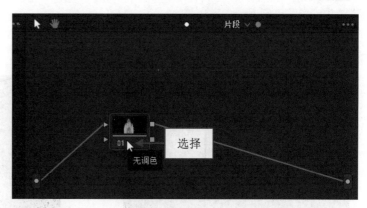

图5-55　选择编号为01的节点

步骤 03 展开"色轮"面板，向右拖曳"亮部"色轮下方的轮盘，直至参数均显示为1.19，如图5-56所示。

步骤 04 执行操作后，即可提高人物肤色亮度，效果如图5-57所示。

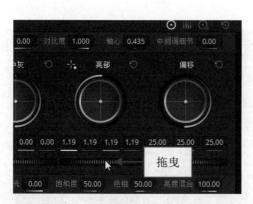

图5-56　拖曳"亮部"色轮下方的轮盘

图5-57　提高人物肤色亮度

步骤 05 在"节点"面板中，选中01节点，单击鼠标右键，弹出快捷菜单，选择"添加节点"|"添加串行节点"选项，如图5-58所示。

步骤 06 执行操作后，即可在"节点"面板中添加一个编号为02的串行节点，如图5-59所示。

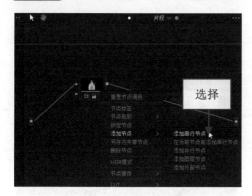

图5-58　选择"添加串行节点"选项

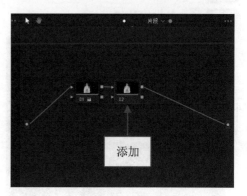

图5-59　添加02串行节点

步骤 07 展开"示波器"面板,在示波器窗口栏的右上角,单击下拉按钮,在弹出的列表框中选择"矢量图"选项,如图5-60所示。

步骤 08 执行操作后,即可打开"矢量图"示波器面板,在右上角单击"设置"按钮❖,如图5-61所示。

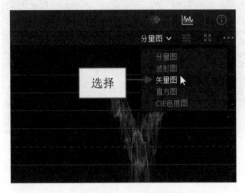

图5-60 选择"矢量图"选项

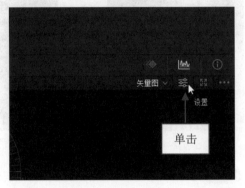

图5-61 单击"设置"按钮

步骤 09 弹出相应面板,选中"显示肤色指示线"复选框,如图5-62所示。

步骤 10 执行操作后,即可在矢量图上显示肤色指示线,如图5-63所示,可以看到色彩矢量波形明显偏离了肤色指示线。

图5-62 选中"显示肤色指示线"复选框

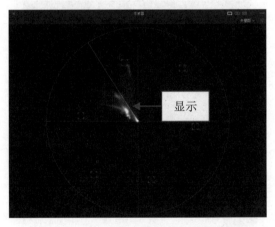

图5-63 显示肤色指示线

步骤 11 展开"限定器"面板,在面板中单击"拾取器"按钮✔,如图5-64所示。

步骤 12 在"检视器"面板的上方,单击"突出显示"按钮✷,如图5-65所示。

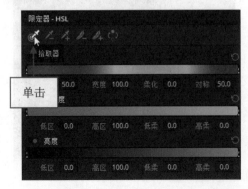

图5-64 单击"拾取器"按钮

图5-65 单击"突出显示"按钮

步骤 **13** 在预览窗口中，按住鼠标左键的同时拖曳光标，选取人物皮肤，如图5-66所示。

步骤 **14** 切换至"限定器"面板，单击"拾取器加"按钮，如图5-67所示。

图5-66 选取人物皮肤

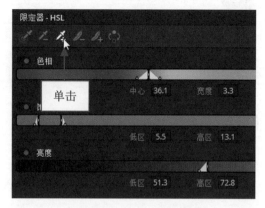

图5-67 单击"拾取器加"按钮

步骤 **15** 在预览窗口中，继续使用滴管工具选取人物未被选取的皮肤，如图5-68所示。

步骤 **16** 展开"矢量图"示波器面板查看色彩矢量波形变化的同时，在"色轮"面板中，拖曳"亮部"色轮中心的白色圆圈，直至参数分别显示为1.00、0.97、1.00、1.11，如图5-69所示。

图5-68 选取人物未被选取的皮肤

图5-69 拖曳"亮部"色轮中心的白色圆圈

步骤 **17** 执行操作后，"矢量图"示波器面板中的色彩矢量波形已与肤色指示线重叠，如图5-70所示，在预览窗口中可以查看人物肤色修复效果。

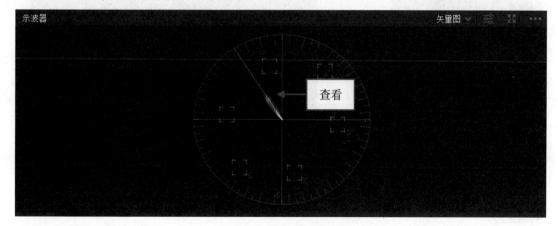

图5-70 色彩矢量波形修正效果

5.2 制作抖音热门视频

当用户选择"节点"面板中添加的节点后，即可通过节点对视频进行调色。下面介绍应用节点制作抖音热门视频的操作方法。

5.2.1 小清新人像视频

【效果展示】 在达芬奇中，应用调色节点调整画面明暗反差和曝光，并结合"色轮"工具调整色彩色调，可以打造出唯美小清新效果，原图与效果对比如图5-71所示。

图5-71 原图与效果对比展示

步骤 01 打开一个项目文件，在预览窗口中可以查看打开的项目效果，如图5-72所示。

步骤 02 切换至"调色"步骤面板，在"节点"面板中，选择编号为01的节点，如图5-73所示。

 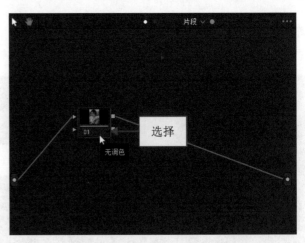

图5-72 查看打开的项目效果　　　　图5-73 选择编号为01的节点

步骤 03 展开"一级-校色轮"面板，设置"暗部"参数均显示为0.04、"中灰"参数均显示为0.07、"亮部"参数均显示为1.29，如图5-74所示。

图5-74 设置各色轮通道参数

步骤 04 对画面明暗反差和曝光进行处理，让画面呈现微微过曝的感觉，效果如图5-75所示。

步骤 05 展开"色轮"面板，在面板的下方设置"饱和度"参数为80.00，如图5-76所示。

图5-75 画面微微过曝效果

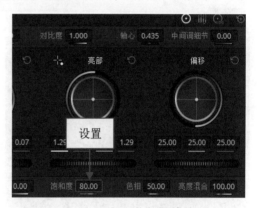

图5-76 设置"饱和度"参数

步骤 06 执行操作后，设置"色温"参数为-990.0，如图5-77所示。

步骤 07 执行操作后，即可增加画面饱和度并降低色温，使画面微微偏冷色调，效果如图5-78所示。

图5-77 设置"色温"参数

图5-78 画面微微偏冷色调效果

步骤 08 在"节点"面板中，添加一个编号为02的串行节点，如图5-79所示。

步骤 09 在"一级-校色轮"面板中，选中"暗部"色轮中心的白色圆圈，按住鼠标左键的同时往蓝色方向拖曳，直至参数分别显示为0.00、-0.02、0.00、0.05；选中"中灰"色轮中心的白色圆圈，按住鼠标左键的同时往青色方向拖曳，直至参数分别显示为0.00、-0.02、0.01、-0.02，如图5-80所示。

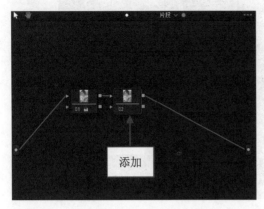

图5-79 添加02串行节点

图5-80 调整"暗部"和"中灰"参数

步骤 10 在"一线-Log色轮"面板中，将"阴影"色调往绿色方向调整，直至参数分别显示为-0.21、0.08、-0.20；将"中间调"色调往红色方向调整，直至参数分别显示为0.06、-0.01、-0.04，如图5-81所示。

步骤 11 在预览窗口中，可以查看画面色调调整效果，如图5-82所示。

图5-81 设置"阴影"和"中间调"参数

图5-82 查看画面色调调整效果

步骤 12 在"节点"面板中，添加一个编号为03的串行节点，如图5-83所示。

步骤 13 展开"限定器"面板，应用"拾取器"滴管工具，在预览窗口中选取人物皮肤，如图5-84所示。

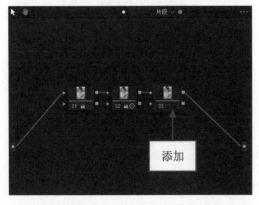

图5-83 添加03串行节点

图5-84 选取人物皮肤

步骤 14 展开"运动特效"面板，在"空域降噪"选项区中，单击"模式"下拉按钮，弹出列表框，选择"更好"选项，如图5-85所示。

步骤 15 在"空域阈值"选项区中，设置"亮度"和"色度"参数均为100.0，如图5-86所示，对人物皮肤进行降噪磨皮处理。

图5-85 选择"更好"选项

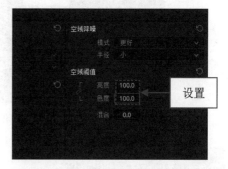

图5-86 设置"亮度"和"色度"参数

步骤 16 在"节点"面板中，添加一个编号为04的并行节点，如图5-87所示。

步骤 17 在"一级－校色轮"面板中，将"中灰"色调往红色方向调整，直至参数分别显示为0.00、0.03、-0.01、-0.02；将"亮部"色调往蓝色方向调整，直至参数分别显示为1.00、0.87、1.02、1.17，如图5-88所示。

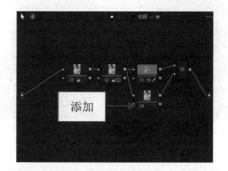

图5-87 添加04并行节点

图5-88 调整"中灰"和"亮部"参数

步骤 18 在"节点"面板中，选择"并行混合器"，单击鼠标右键，弹出快捷菜单，选择"添加节点"|"添加串行节点"选项，如图5-89所示。

步骤 19 即可添加一个编号为06的串行节点，如图5-90所示。

图5-89 选择"添加串行节点"选项

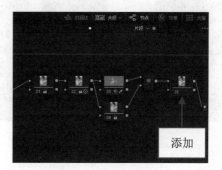

图5-90 添加06串行节点

步骤 20 在"色轮"面板中，设置"色温"参数为-180.0、"色调"参数为-55.00，如图5-91所示。执行操作后，即可使画面往冷色调和青色调偏移，在预览窗口中可以查看制作的唯美小清新效果。

图5-91 设置"色温"和"色调"参数

5.2.2 怀旧复古人像视频

【效果展示】双色调是一种比较怀旧的色调风格，稍微泛黄的图像画面，可以制作出一种电视画面回忆的效果。在DaVinci Resolve 18中，用户可以通过调整"亮部"和"中灰"通道的参数值来实现这种效果，原图与效果对比如图5-92所示。

步骤 01 打开一个项目文件，如图5-93所示。

步骤 02 在预览窗口中，可以查看打开的项目效果，如图5-94所示。

步骤 03 切换至"调色"步骤面板，展开"一级 – 校色轮"面板，设置"中灰"参数分别为0.00、0.08、

图5-92 原图与效果对比展示

–0.01、–0.09；设置"亮部"参数分别为1.29、1.33、1.29、1.18，如图5-95所示。执行操作后，切换至"剪辑"步骤面板，在预览窗口中可以查看最终的图像效果。

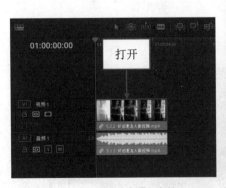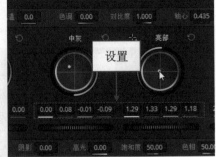

图5-93 打开一个项目文件　　　图5-94 查看打开的项目效果　　　图5-95 设置"中灰"和"亮部"参数

5.2.3 色彩艳丽人像视频

【效果展示】交叉冲印是一种传统的摄影技法，具有高反差和高饱和度的特点，可以通过改变图像色

调来制作颜色和光泽都很鲜艳的特效效果，原图与效果对比如图5-96所示。

图5-96　原图与效果对比展示

步骤 01）打开一个项目文件，在预览窗口中可以查看打开的项目效果，如图5-97所示。

步骤 02）切换至"调色"步骤面板，展开"一级-校色轮"面板，向右拖曳"亮部"色轮下方的轮盘，直至参数均显示为1.11，如图5-98所示，提高图像"亮部"参数。

图5-97　查看打开的项目效果

图5-98　拖曳"亮部"色轮下方的轮盘

步骤 03）执行操作后，向左拖曳"暗部"色轮下方的轮盘，直至参数均显示为-0.07，如图5-99所示，降低图像"暗部"参数。

步骤 04）在"节点"面板中，选中01节点，单击鼠标右键，弹出快捷菜单，选择"添加节点"|"添加串行节点"选项，如图5-100所示，即可添加一个编号为02的串行节点。

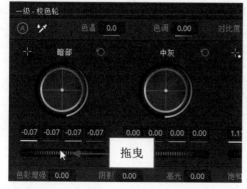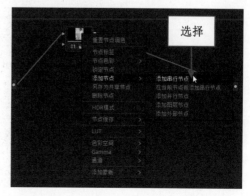

图5-99　拖曳"暗部"色轮下方的轮盘

图5-100　选择"添加串行节点"选项

步骤 05 在"曲线-亮度 对 饱和度"面板中，按住【Shift】键的同时，在水平曲线上单击鼠标左键添加一个控制点，然后选中添加的控制点并向上拖曳，直至下方面板中的"输入亮度"参数显示为0.17、"饱和度"参数显示为1.96，如图5-101所示。执行操作后，在预览窗口中可以查看制作的图像效果。

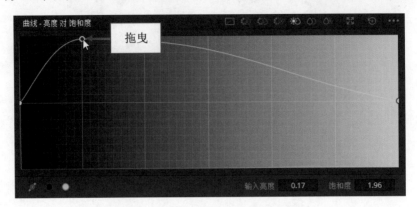

图5-101 设置"亮度 对 饱和度"曲线参数

第6章

制作视频的滤镜特效

—————— 学习提示 ——————

在达芬奇中，LUT相当于一个滤镜"神器"，可以帮助用户实现各种调色风格，本章主要介绍应用 Open FX面板中的滤镜特效及使用抖音热门滤镜特效等内容。

本章重点导航

- 本章重点1——应用Open FX面板中的滤镜特效
- 本章重点2——使用抖音热门滤镜特效

6.1 应用Open FX面板中的滤镜特效

滤镜是指可以应用到视频素材中的效果,它可以改变视频文件的外观和样式。对视频素材进行编辑时,通过视频滤镜不仅可以掩饰视频素材的瑕疵,还可以令视频产生绚丽的视觉效果,使制作出来的视频更具表现力。

6.1.1 制作视频镜头光斑特效

【效果展示】 在DaVinci Resolve 18的"Resolve FX光线"滤镜组中,应用"镜头光斑"滤镜可以在素材图像上制作一个小太阳特效,原图与效果对比如图6-1所示。

图6-1 原图与效果对比展示

步骤 01 打开一个项目文件,在预览窗口中可以查看打开的项目效果,如图6-2所示。

步骤 02 切换至"调色"步骤面板,展开"效果"|"素材库"选项卡,在"Resolve FX光线"滤镜组中选择"镜头光斑"滤镜效果,如图6-3所示。

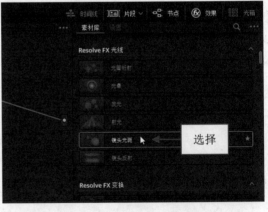

图6-2 查看打开的项目效果 图6-3 选择"镜头光斑"滤镜效果

步骤 03 按住鼠标左键并将其拖曳至"节点"面板的01节点上,释放鼠标左键,即可在调色提示区显示一个滤镜图标 ⓕ,表示添加的滤镜效果,如图6-4所示。

步骤 04 执行操作后,在预览窗口中可以查看添加的效果,如图6-5所示。

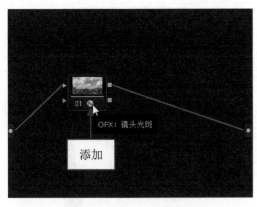

图6-4　在01节点上添加滤镜效果

图6-5　查看添加的效果

步骤 05 在预览窗口中，选中添加的小太阳中心，按住鼠标左键的同时，将小太阳拖曳至相应位置，如图6-6所示。

步骤 06 将鼠标移至小太阳外面的白色光圈上，按住鼠标左键的同时向右下角拖曳，增加太阳光的光晕发散范围，如图6-7所示，在预览窗口中可以查看制作的镜头光斑视频效果。

图6-6　将小太阳拖曳至相应位置

图6-7　拖曳白色光圈

温馨提示

　　在添加滤镜特效后，"效果"面板会自动切换至"设置"选项卡，用户可以在其中根据素材图像特征对添加的滤镜进行微调。

6.1.2 制作人像变瘦视频特效

【效果展示】 在DaVinci Resolve 18的"Resolve FX扭曲"滤镜组中，应用"变形器"滤镜可以在人像图像上添加变形点，通过调整变形点将人像变瘦，原图与效果对比如图6-8所示。

步骤 01 打开一个项目文件，在预览窗口中可以查看打开的项目效果，如图6-9所示。

图6-8　原图与效果对比展示

图6-9　查看打开的项目效果

步骤 **02** 切换至"调色"步骤面板，展开"效果"|"素材库"选项卡，在"Resolve FX扭曲"滤镜组中选择"变形器"滤镜效果，如图6-10所示。

步骤 **03** 按住鼠标左键并将其拖曳至"节点"面板的01节点上，释放鼠标左键，即可在调色提示区显示一个滤镜图标 ◎，表示添加的滤镜效果，如图6-11所示。

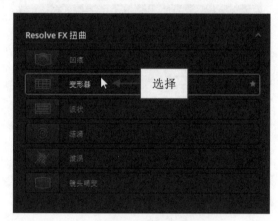

图6-10　选择"变形器"滤镜效果

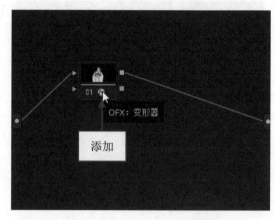

图6-11　在01节点上添加滤镜效果

步骤 **04** 在"检视器"面板的上方，单击"增强检视器"按钮 ⊞，如图6-12所示，即可扩大预览窗口。

步骤 **05** 将光标移至人物脸部边缘，单击鼠标左键添加一个变形点，如图6-13所示。

图6-12　单击"增强检视器"按钮

图6-13　添加一个变形点

步骤 06 在人物脸颊处添加第2个变形点，如图6-14所示。

步骤 07 用同样的方法，在人物下颌、脖颈及肩膀处添加变形点，拖曳变形点进行微调，稍微收一点下巴并将脖子拉长一点，如图6-15所示。切换至"剪辑"步骤面板，在预览窗口中可以查看人像变瘦的最终效果。

图6-14 添加第2个变形点　　　　　图6-15 调整下巴及脖颈

6.1.3 制作人物磨皮视频特效

【效果展示】 在DaVinci Resolve 18的"Resolve FX美化"滤镜组中，应用"美颜"滤镜可以对人物图像进行磨皮处理，去除人物皮肤上的瑕疵，使人物皮肤看起来更光洁、更亮丽，原图与效果对比如图6-16所示。

步骤 01 打开一个项目文件，在预览窗口中可以查看打开的项目效果，如图6-17所示，画面中人物脸部有许多细小的斑点，可以进行皮肤磨皮去除斑点瑕疵。

图6-16 原图与效果对比展示　　　　　图6-17 查看打开的项目效果

步骤 02 切换至"调色"步骤面板，展开"效果"|"素材库"选项卡，在"Resolve FX美化"滤镜组中选择"美颜"滤镜效果，如图6-18所示。

步骤 03 按住鼠标左键并将其拖曳至"节点"面板的01节点上，释放鼠标左键，即可在调色提示区显示一个滤镜图标，表示添加的滤镜效果，如图6-19所示。

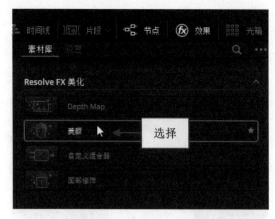

图6-18 选择"美颜"滤镜效果

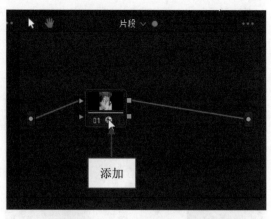

图6-19 在01节点上添加滤镜效果

步骤 04 切换至"设置"选项卡，如图6-20所示。

步骤 05 拖曳"Gamma"右侧的滑块至最右端，设置参数为最大值，如图6-21所示，在预览窗口中可以查看人物磨皮效果。

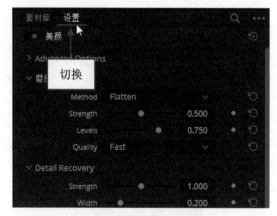

图6-20 切换至"设置"选项卡

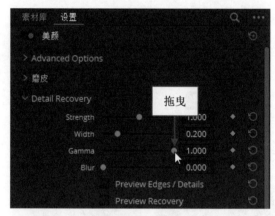

图6-21 拖曳滑块

6.1.4 制作暗角艺术视频特效

【效果展示】 暗角是一种摄影术语，是指图像画面的中间部分较亮，四个角渐变偏暗的一种"老影像"艺术效果，方便突出画面中心。在DaVinci Resolve 18中，用户可以应用风格化滤镜来实现这种效果，下面介绍制作暗角艺术视频特效的操作方法，原图与效果对比如图6-22所示。

图6-22 原图与效果对比展示

步骤 01 打开一个项目文件，在预览窗口中可以查看打开的项目效果，如图6-23所示。

步骤 02 切换至"调色"步骤面板，展开"效果"|"素材库"选项卡，在"Resolve FX 风格化"滤镜组中选择"暗角"滤镜效果，如图6-24所示。

图6-23 查看打开的项目效果

图6-24 选择"暗角"滤镜效果

步骤 03 按住鼠标左键并将其拖曳至"节点"面板的01节点上，释放鼠标左键，即可在调色提示区显示一个滤镜图标，表示添加的滤镜效果，如图6-25所示。

步骤 04 切换至"设置"选项卡，设置"大小"参数为0.358，如图6-26所示，在预览窗口中可以查看制作的暗角艺术视频效果。

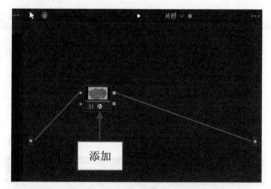

图6-25 在01节点上添加滤镜效果

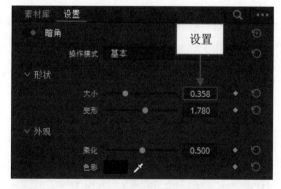

图6-26 设置"大小"参数

6.1.5 制作镜像翻转视频特效

【效果展示】 当用户为素材添加视频滤镜后，如果发现某个滤镜未达到预期的效果，可以对该滤镜效果进行替换操作，原图与效果对比如图6-27所示。

图6-27 原图与效果对比展示

步骤 01 打开一个项目文件，如图6-28所示。

步骤 02 在预览窗口中，可以查看打开的项目效果，如图6-29所示。

图6-28 打开一个项目文件

图6-29 查看打开的项目效果

温馨提示

〉〉〉〉〉

用户还可以在"效果"|"设置"选项卡的"镜像1"选项面板中，设置镜像翻转的"角度"和停放位置。

步骤 03 切换至"调色"步骤面板，展开"效果"|"素材库"选项卡，在"Resolve FX 风格化"滤镜组中选择"边缘检测"滤镜效果，按住鼠标左键并将其拖曳至"节点"面板的01节点上，释放鼠标左键，即可在调色提示区显示一个滤镜图标，表示添加的滤镜效果，如图6-30所示。

步骤 04 展开"效果"|"素材库"选项卡，在"Resolve FX 风格化"滤镜组中选择"镜像"滤镜效果，如图6-31所示。

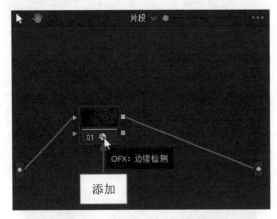

图6-30 在01节点上添加滤镜效果

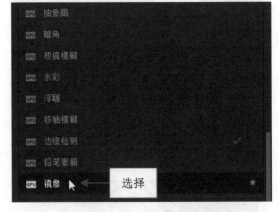

图6-31 选择"镜像"滤镜效果

步骤 05 按住鼠标左键并将其拖曳至"节点"面板的01节点上，释放鼠标左键，即可替换"边缘检测"滤镜效果，如图6-32所示。

步骤 06 在预览窗口中，选中中间的白色圆圈，如图6-33所示。

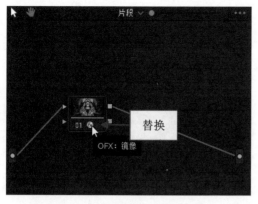

图6-32　替换"边缘检测"滤镜效果

图6-33　选中中间的白色圆圈

步骤 07 向右旋转180度，即可从中间位置进行镜像翻转，如图6-34所示。切换至"剪辑"步骤面板，在预览窗口中可以查看最终效果。

图6-34　向右旋转180度

6.2 使用抖音热门滤镜特效

在影视作品成片中，不同的色调可以传达给观众不一样的视觉感受。通常，我们可以从影片的色相、明度、冷暖、纯度4个方面来定义它的影调风格。本节主要介绍通过达芬奇软件制作几种抖音热门影调风格的操作方法。

6.2.1 制作清新自然视频特效

【效果展示】绿色表示青春、朝气、生机、清新等，在DaVinci Resolve 18中，用户可以通过调整红、绿、蓝输出通道参数来制作清新自然的视频色调，原图与效果对比如图6-35所示。

图6-35　原图与效果对比展示

步骤 01 打开一个项目文件，在预览窗口中可以查看打开的项目效果，如图6-36所示，图像画面中的整体色调偏黄，需要提高图像中的绿色输出，制作出清新自然的绿色视频效果。

步骤 02 切换至"调色"步骤面板，展开"RGB混合器"面板，拖曳"绿色输出"颜色通道的绿色控制条滑块，直至参数显示为1.15，如图6-37所示。执行操作后，在预览窗口中可以查看制作的图像效果。

图6-36　查看打开的项目效果　　　　　　图6-37　拖曳控制条滑块

6.2.2　制作特艺影调风格特效

【效果展示】 旗袍人像摄影越来越受年轻人的喜爱，在抖音App上，也经常可以看到各类旗袍短视频。下面介绍在DaVinci Resolve 18中使用旗袍影调制作特艺影调风格特效的操作方法，原图与效果对比如图6-38所示。

图6-38　原图与效果对比展示

步骤 01 打开一个项目文件，在预览窗口中可以查看打开的项目效果，如图6-39所示。

步骤 02 切换至"调色"步骤面板，在"节点"面板中，选中01节点，如图6-40所示。

图6-39 查看打开的项目效果

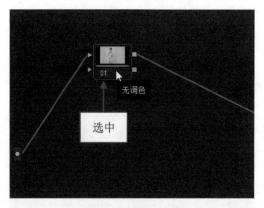

图6-40 选中01节点

步骤 03 在"检视器"面板中，开启"突出显示"功能，切换至"限定器"面板，应用"拾取器"滴管工具，在预览窗口的图像上选取背景颜色，如图6-41所示，可以看到人物身上的旗袍也有少量颜色区域被选取了。

步骤 04 展开"窗口"面板，单击曲线"窗口激活"按钮，如图6-42所示。

图6-41 选取背景颜色

图6-42 单击曲线"窗口激活"按钮

步骤 05 执行操作后，在预览窗口中，在人物被选取的区域绘制一个窗口蒙版，如图6-43所示。

步骤 06 在"窗口"面板中，单击"反向"按钮，如图6-44所示。

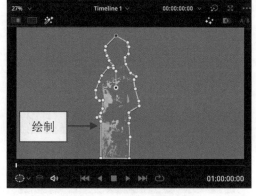

图6-43 绘制一个窗口蒙版

图6-44 单击"反向"按钮

步骤 07 执行操作后，即可反向选取人物以外的背景颜色，如图6-45所示。

步骤 08 展开"色轮"面板，选中"亮部"色轮中心的白色圆圈，按住鼠标左键的同时往橙黄色方向拖曳，直至参数分别显示为1.01、1.07、1.02、0.75；选中"偏移"色轮中心的白色圆圈，按住鼠标左键的同时往橙黄色方向拖曳，直至参数分别显示为27.81、24.83、7.23，如图6-46所示。

图6-45 反向选取

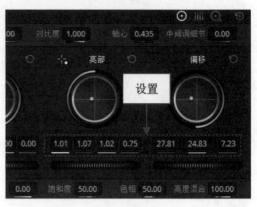

图6-46 设置"亮部"和"偏移"参数

步骤 09 执行操作后，在预览窗口中可以查看背景颜色调为淡黄色宣纸颜色的画面效果，如图6-47所示。

步骤 10 在"节点"面板中，添加一个编号为02的串行节点，如图6-48所示。

图6-47 查看背景颜色调整效果

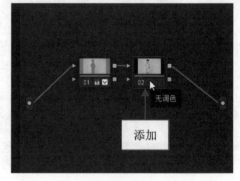

图6-48 添加02串行节点

步骤 11 展开"运动特效"面板，在"空域阈值"选项区中，设置"亮度"和"色度"参数均为50.0，为图像画面降噪，如图6-49所示。

步骤 12 在"节点"面板中，添加一个编号为03的串行节点，如图6-50所示。

图6-49 设置"亮度"和"色度"参数

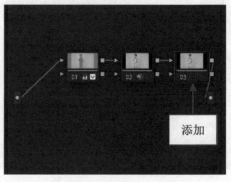

图6-50 添加03串行节点

步骤 13 在"检视器"面板中，开启"突出显示"功能，切换至"限定器"面板，应用"拾取器"滴管工具，在预览窗口的图像上选取人物皮肤，如图6-51所示。

步骤 14 在"限定器"面板的"蒙版优化"选项区中，设置"降噪"参数为40.0，如图6-52所示。

图6-51 选取人物皮肤

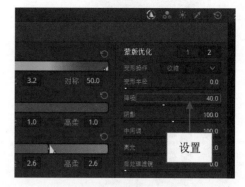

图6-52 设置"降噪"参数

步骤 15 展开"曲线-自定义"模式面板，在曲线上添加一个控制点，并向上拖曳控制点至合适位置，提高人物皮肤亮度，如图6-53所示。

步骤 16 执行操作后，在预览窗口中可以查看人物皮肤变白、变亮的画面效果，如图6-54所示。

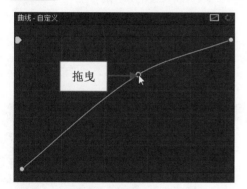

图6-53 拖曳控制点

图6-54 查看人物皮肤调整效果

步骤 17 在"节点"面板中，添加一个编号为04的串行节点，如图6-55所示。

步骤 18 展开"色轮"面板，设置"中间调细节"参数为-100.00，如图6-56所示。执行操作后，即可减少画面中的细节质感，使人物与背景更贴合、融洽，在预览窗口中可以查看制作的视频画面效果。

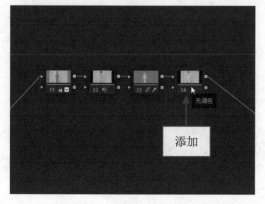

图6-55 添加04串行节点

图6-56 设置"中间调细节"参数

第7章

制作视频的转场特效

学习提示

在影视后期特效制作中，镜头之间的过渡或素材之间的转换称为转场，它是使用一些特殊的效果，在素材与素材之间产生自然、流畅和平滑的过渡。本章主要介绍制作视频转场特效的操作方法，希望读者可以熟练掌握本章内容。

本章重点导航

- 本章重点1——了解转场特效
- 本章重点2——替换与移动转场特效
- 本章重点3——制作转场视频画面特效

7.1 了解转场特效

从某种角度来说，转场就是一种特殊的滤镜特效，它可以在两个图像或视频素材之间创建某种过渡效果，使视频更具有吸引力。运用转场特效，可以制作出让人赏心悦目的视频画面。本节主要介绍转场效果的基础知识及认识"视频转场"选项面板等内容。

7.1.1 了解硬切换与软切换

在视频后期编辑工作中，素材与素材之间的连接称为切换。最常用的切换方法是一个素材与另一个素材紧密连接在一起，使其直接过渡，这种方法称为"硬切换"；另一种方法称为"软切换"，它使用了一些特殊的视频过渡效果，从而保证了各个镜头片段的视觉连续性，如图7-1所示。

图7-1 "软切换"转场效果

温馨提示

"转场"是很实用的一种功能，在影视片段中，这种"软切换"的转场方式运用得比较多，希望读者可以熟练掌握此方法。

7.1.2 认识"视频转场"选项面板

DaVinci Resolve 18提供了多种转场特效，都存放在"视频转场"选项面板中，如图7-2所示。合理地运用这些转场特效，可以让素材之间的过渡更加生动、自然，从而制作出绚丽多姿的视频作品。

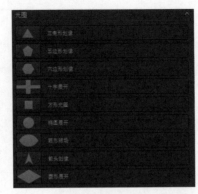

（a）"叠化"转场组　　　　　（b）"光圈"转场组　　　　　（c）"运动"和"形状"转场组

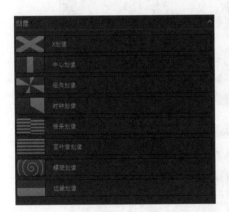

（d）"划像"转场组　　　　　　　　　（e）Fusion转场组

（f）Resolve FX转场组

图7-2　"视频转场"选项面板中的转场组

 替换与移动转场特效

本节主要介绍编辑转场特效的操作方法，主要包括替换转场特效、移动转场特效、删除转场特效及添加转场边框等内容。

7.2.1 替换需要的转场特效

【效果展示】 在 DaVinci Resolve 18 中，如果用户对当前添加的转场效果不满意，可以对转场效果进行替换操作，使素材画面更加符合用户的需求，效果如图 7-3 所示。

图 7-3　替换需要的转场特效效果

步骤 01　打开一个项目文件，进入"剪辑"步骤面板，如图 7-4 所示。

步骤 02　在预览窗口中，可以查看打开的项目效果，如图 7-5 所示。

图 7-4　打开一个项目文件　　　　　　　　　　图 7-5　查看打开的项目效果

步骤 03　在"剪辑"步骤面板的左上角，单击"效果"按钮 ，如图 7-6 所示。

步骤 04　在"媒体池"面板的下方展开"效果"面板，单击"工具箱"下拉按钮 ，如图 7-7 所示。

图 7-6　单击"效果"按钮　　　　　　　　　　图 7-7　单击"工具箱"下拉按钮

步骤 05 展开"工具箱"选项列表，选择"视频转场"选项，如图7-8所示。

步骤 06 在"叠化"转场组中，选择"平滑剪接"转场效果，如图7-9所示。

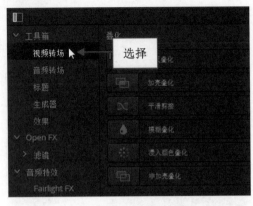

图7-8 选择"视频转场"选项

图7-9 选择"平滑剪接"转场效果

步骤 07 按住鼠标左键，将选择的转场效果拖曳至"时间线"面板的两个视频素材中间，如图7-10所示，释放鼠标左键，即可替换原来的转场，在预览窗口中可以查看替换后的转场效果。

图7-10 拖曳转场效果

7.2.2 更改转场特效的位置

【效果展示】在DaVinci Resolve 18中，用户可以根据实际需要对转场效果进行移动操作，将转场效果放置到合适位置上，效果如图7-11所示。

图7-11 更改转场特效的位置效果

步骤 01 打开一个项目文件，进入"剪辑"步骤面板，如图7-12所示。

步骤 02 在预览窗口中，可以查看打开的项目效果，如图7-13所示。

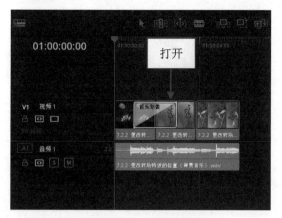

图7-12 打开一个项目文件

图7-13 查看打开的项目效果

步骤 03 在"时间线"面板的V1轨道上，选中第1段视频和第2段视频之间的转场，如图7-14所示。

步骤 04 按住鼠标左键，拖曳转场至第2段视频与第3段视频之间，释放鼠标左键，即可移动转场位置，如图7-15所示，在预览窗口中可以查看移动转场位置后的视频效果。

图7-14 选中转场效果

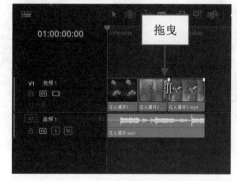

图7-15 拖曳转场效果

7.2.3 删除无用的转场特效

【效果展示】 在制作视频效果的过程中，如果用户对视频轨中添加的转场效果不满意，此时可以对转场效果进行删除操作，效果如图7-16所示。

图7-16 删除无用的转场特效效果

步骤 01 打开一个项目文件，进入"剪辑"步骤面板，如图7-17所示。

步骤 02 在预览窗口中，可以查看打开的项目效果，如图7-18所示。

图7-17 打开一个项目文件

图7-18 查看打开的项目效果

步骤 03 在"时间线"面板的V1轨道上，选中视频素材上的转场效果，如图7-19所示。

步骤 04 单击鼠标右键，弹出快捷菜单，选择"删除"选项，如图7-20所示，在预览窗口中可以查看删除转场后的视频效果。

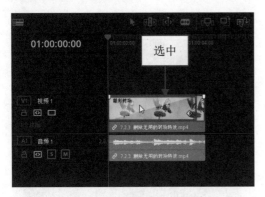

图7-19 选中视频素材上的转场效果

图7-20 选择"删除"选项

7.2.4 为转场添加白色边框

【效果展示】 在DaVinci Resolve 18中，在素材之间添加转场效果后，可以为转场效果设置相应的边框样式，从而为转场效果锦上添花，效果如图7-21所示。

步骤 01 打开一个项目文件，进入"剪辑"步骤面板，如图7-22所示。

图7-21 为转场添加白色边框效果

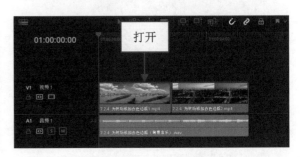

图7-22 打开一个项目文件

步骤 02 在V1轨道上的第1个视频素材和第2个视频素材中间，添加一个"时钟划像"转场效果，如图7-23所示。

步骤 03 在预览窗口中，可以查看添加的转场效果，如图7-24所示。

图7-23 添加转场效果

图7-24 查看添加的转场效果

步骤 04 在"时间线"面板的V1轨道上，双击视频素材上的转场效果，如图7-25所示。

步骤 05 展开"检查器"面板，单击"转场"按钮，在"视频"选项面板中，可以通过拖曳"边框"右侧的滑块或在"边框"右侧的文本框中输入参数的方式，设置"边框"参数为50.000，如图7-26所示，在预览窗口中可以查看为转场添加边框后的视频效果。

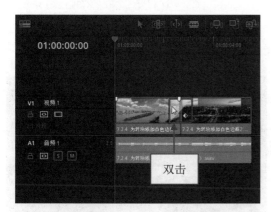

图7-25 双击视频素材上的转场效果

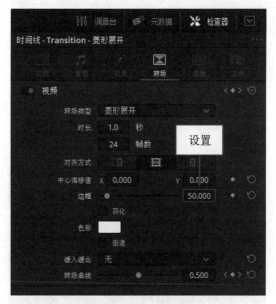

图7-26 设置"边框"参数

温馨提示

>>>>>>

用户还可以在"菱形展开"选项面板中，单击"色彩"右侧的色块，设置转场效果的边框颜色。

7.3 制作转场视频画面特效

DaVinci Resolve 18提供了多种转场特效，某些转场特效独具特色，可以为视频添加非凡的视觉效果。本节主要介绍转场效果的精彩应用。

7.3.1 制作椭圆展开特效

【效果展示】 在DaVinci Resolve 18中，"光圈"转场组中共有7个转场效果，应用其中的"椭圆展开"转场效果，可以从素材A画面中心以圆形光圈过渡展开显示素材B，效果如图7-27所示。

步骤 01 打开一个项目文件，进入"剪辑"步骤面板，如图7-28所示。

图7-27 制作椭圆展开特效效果

图7-28 打开一个项目文件

步骤 02 在"视频转场"|"光圈"选项面板中，选择"椭圆展开"转场，如图7-29所示。

步骤 03 按住鼠标左键，将选择的转场拖曳至视频轨中的两个素材之间，如图7-30所示。

图7-29 选择"椭圆展开"转场

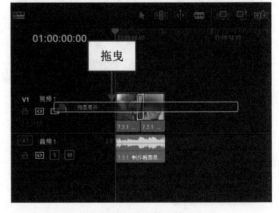

图7-30 拖曳转场效果

步骤 04 释放鼠标左键，即可添加"椭圆展开"转场效果，用鼠标左键双击转场效果，展开"检查器"面板，在"转场"选项面板中，设置"边框"参数为13.000，如图7-31所示。

步骤 05 单击"色彩"右侧的色块，弹出"选择颜色"对话框，在"基本颜色"选项区中，选择第6排第5个颜色色块，如图7-32所示。单击"OK"按钮，即可为边框设置颜色，在预览窗口中可以查看制作的视频效果。

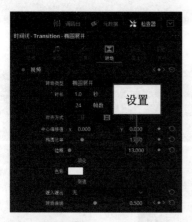

图7-31 设置"边框"参数

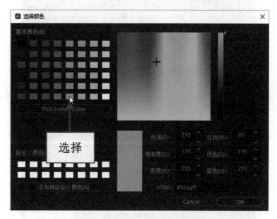

图7-32 选择相应的颜色色块

7.3.2 制作百叶窗特效

【效果展示】 在DaVinci Resolve 18中，"百叶窗划像"转场效果是"划像"转场类型中最常用的一种，是指素材以百叶窗翻转的方式进行过渡。下面介绍制作百叶窗转场特效的操作方法，效果如图7-33所示。

图7-33 制作百叶窗特效效果

步骤 01 打开一个项目文件，进入"剪辑"步骤面板，如图7-34所示。

步骤 02 在"视频转场"|"划像"选项面板中，选择"百叶窗划像"转场，如图7-35所示。

步骤 03 按住鼠标左键，将选择的转场拖曳至视频轨中的素材末端，如图7-36所示。

步骤 04 释放鼠标左键，即可添加"百叶窗划像"转场效果，选择添加的转场，将鼠标移至转场左边的边缘线上，当鼠标指针呈左右双向箭头形状⬌时，按住鼠标左键并向左拖曳，至合适位置后释放鼠标左键，即可增加转场时长，如图7-37所示，在预览窗口中可以查看制作的视频效果。

图 7-34 打开一个项目文件

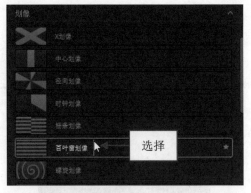

图 7-35 选择 "百叶窗划像" 转场

图 7-36 拖曳转场效果

图 7-37 增加转场时长

7.3.3 制作交叉叠化特效

【效果展示】 在 DaVinci Resolve 18 中, "交叉叠化" 转场效果是将素材 A 的不透明度由 100% 转变到 0%, 素材 B 的不透明度由 0% 转变到 100% 的一个过程。下面介绍制作交叉叠化转场特效的操作方法, 效果如图 7-38 所示。

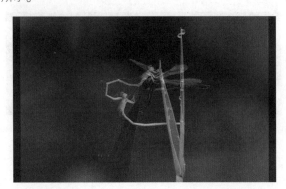

图 7-38 制作交叉叠化特效效果

步骤 01 打开一个项目文件, 进入 "剪辑" 步骤面板, 如图 7-39 所示。

步骤 02 在 "视频转场" | "叠化" 选项面板中, 选择 "交叉叠化" 转场, 如图 7-40 所示。

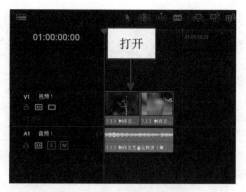

图7-39 打开一个项目文件

图7-40 选择 "交叉叠化" 转场

步骤 03 按住鼠标左键,将选择的转场拖曳至视频轨中的两个素材之间,如图7-41所示,释放鼠标左键,即可添加 "交叉叠化" 转场效果,在预览窗口中可以查看制作的视频效果。

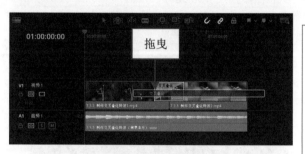

图7-41 拖曳转场效果

温馨提示

>>>>>>

在DaVinci Resolve 18中,为两个视频素材添加转场特效时,视频素材需要经过剪辑才能应用转场,否则转场只能添加到素材的开始位置或结束位置,不能放置在两个素材的中间。

7.3.4 制作单向滑动特效

【效果展示】 在DaVinci Resolve 18中,应用 "运动" 转场组中的 "滑动" 转场效果,即可制作单向滑动视频特效,如图7-42所示。

图7-42 制作单向滑动特效效果

步骤 01 打开一个项目文件,进入 "剪辑" 步骤面板,如图7-43所示。
步骤 02 在 "视频转场" | "运动" 选项面板中,选择 "滑动" 转场,如图7-44所示。

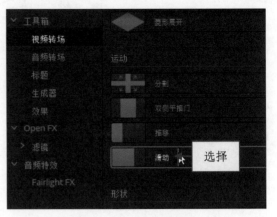

图7-43 打开一个项目文件　　　　　　　图7-44 选择"滑动"转场

步骤 03 按住鼠标左键，将选择的转场拖曳至视频轨中的两个素材之间，如图7-45所示。

步骤 04 释放鼠标左键，即可添加"滑动"转场效果，双击转场效果，展开"检查器"面板，在"转场"选项面板中，单击"预设"下拉按钮，如图7-46所示。

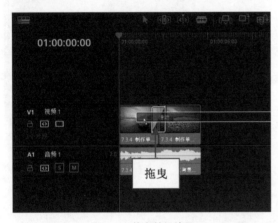

图7-45 拖曳转场效果　　　　　　　图7-46 单击"预设"下拉按钮

步骤 05 在弹出的列表框中选择"滑动，从右往左"选项，如图7-47所示。执行操作后，即可使素材A从右往左滑动过渡显示素材B，在预览窗口中可以查看制作的视频效果。

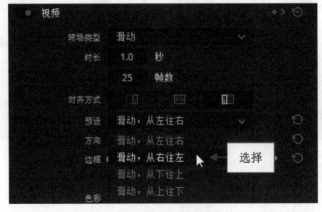

图7-47 选择"滑动，从右往左"选项

第8章

制作视频的字幕特效

标题字幕在视频编辑中是不可缺少的，它是影片中的重要组成部分。在影片中加入一些说明性的文字，能够有效地帮助观众理解影片的含义。本章主要介绍制作视频标题字幕效果的各种方法，帮助大家轻松制作出各种精美的标题字幕效果。

本章重点导航

- 本章重点1——设置标题字幕属性
- 本章重点2——制作动态标题字幕特效

落日夕阳

8.1 设置标题字幕属性

字幕制作在视频编辑中是一种重要的艺术手段，好的标题字幕不仅可以传达画面以外的信息，还可以增强影片的艺术效果。DaVinci Resolve 18提供了便捷的字幕编辑功能，可以使用户在短时间内制作出专业的标题字幕效果。为了让字幕的整体效果更加具有吸引力和感染力，需要对字幕属性进行精心调整。本节将介绍字幕属性的作用与调整的技巧。

8.1.1 添加标题字幕

【效果展示】 在DaVinci Resolve 18中，标题字幕有两种添加方式，一种是通过"效果"|"字幕"选项卡进行添加，另一种是在"时间线"面板的字幕轨道上添加。下面介绍为视频添加标题字幕的操作方法，原图与效果对比如图8-1所示。

图8-1 原图与效果对比展示

步骤 01 打开一个项目文件，进入"剪辑"步骤面板，如图8-2所示。

步骤 02 在预览窗口中，可以查看打开的项目效果，如图8-3所示。

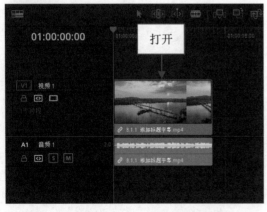

图8-2 打开一个项目文件　　　　　　　　　　图8-3 查看打开的项目效果

步骤 03 在"剪辑"步骤面板的左上角，单击"效果"按钮 ，如图8-4所示。

步骤 04 在"媒体池"面板的下方展开"效果"面板，单击"工具箱"下拉按钮 ，展开"工具箱"选项列表，选择"标题"选项，展开"标题"选项面板，如图8-5所示。

图8-4　单击"效果"按钮

图8-5　选择"标题"选项

步骤 05 在选项面板的"字幕"选项区中，选择"文本"选项，如图8-6所示。

步骤 06 按住鼠标左键将"文本"字幕样式拖曳至V1轨道上方，"时间线"面板会自动添加一条V2轨道，在合适位置释放鼠标左键，即可在V2轨道上添加一个标题字幕文件，如图8-7所示。

图8-6　选择"文本"选项

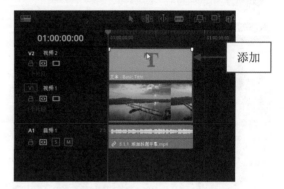

图8-7　在V2轨道上添加一个标题字幕文件

步骤 07 在预览窗口中，可以查看添加的字幕文件，如图8-8所示。

步骤 08 双击添加的"文本"字幕，展开"检查器"|"标题"选项卡，如图8-9所示。

图8-8　查看添加的字幕文件

图8-9　展开"标题"选项卡

步骤 09 在"多信息文本"下方的编辑框中输入文字"落日夕阳"，如图8-10所示。

步骤 10 在面板的下方，设置"位置"X参数为116.000、Y参数为748.000，如图8-11所示。执行操作后，在预览窗口中可以查看制作的视频标题效果。

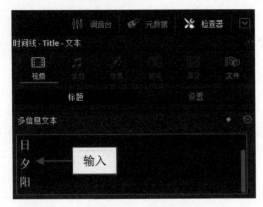

图8-10 输入文字内容

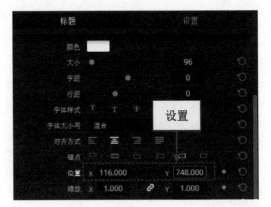

图8-11 设置"位置"参数

8.1.2 更改区间长度

【效果展示】 在DaVinci Resolve 18中，当用户在轨道面板中添加相应的标题字幕后，可以调整标题的时间长度，以控制标题文本的播放时间，效果如图8-12所示。

图8-12 更改区间长度效果

步骤 01 打开一个项目文件，进入"剪辑"步骤面板，如图8-13所示。

图8-13 打开一个项目文件

步骤 02 选中V2轨道中的字幕文件，将鼠标移至字幕文件的末端，按住鼠标左键并向右拖曳，至合适位置后释放鼠标左键，即可调整字幕区间时长，如图8-14所示。

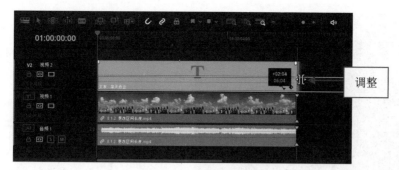

图8-14　调整字幕区间时长

8.1.3　更改字幕字体

【效果展示】 DaVinci Resolve 18提供了多种字体，让用户能够制作出贴合心意的字幕效果，原图与效果对比如图8-15所示。

图8-15　原图与效果对比展示

步骤 01　打开一个项目文件，进入"剪辑"步骤面板，如图8-16所示。

步骤 02　在预览窗口中，可以查看打开的项目效果，如图8-17所示。

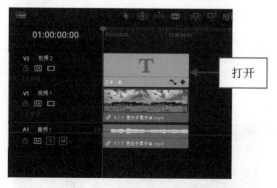
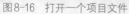

图8-16　打开一个项目文件　　　　　　图8-17　查看打开的项目效果

步骤 03　双击V2轨道中的字幕文件，展开"检查器"|"标题"选项卡，单击"字体系列"右侧的下拉按钮，选择"隶书"选项，如图8-18所示。执行操作后，即可更改标题字幕的字体，在预览窗口中可以查看更改的字幕效果。

图8-18 选择"隶书"选项

温馨提示

DaVinci Resolve 18中可以使用的字体类型取决于用户在Windows系统中安装的字体，如果要在DaVinci Resolve 18中使用更多的字体，就需要在系统中添加字体。

8.1.4 更改标题大小

【效果展示】字号是指文本的大小，不同的字号大小对视频的美观程度有一定的影响。下面介绍在DaVinci Resolve 18中更改标题字号大小的操作方法，原图与效果对比如图8-19所示。

图8-19 原图与效果对比展示

步骤 01 打开一个项目文件，进入"剪辑"步骤面板，如图8-20所示。

步骤 02 在预览窗口中，可以查看打开的项目效果，如图8-21所示。

图8-20 打开一个项目文件

图8-21 查看打开的项目效果

步骤 03 双击V2轨道中的字幕文件，展开"检查器"|"标题"选项卡，设置"大小"参数为255，如

图8-22所示。执行操作后，即可更改标题字幕的字号大小，在预览窗口中可以查看更改的字幕效果。

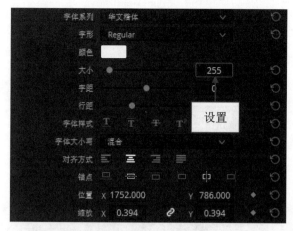

图8-22 设置"大小"参数

温馨提示

>>>>>

当标题字幕的间距比较小时，用户可以通过拖曳"字距"右侧的滑块或在"字距"右侧的文本框中输入参数，来调整标题字幕中的字间距。

8.1.5 更改标题颜色

【效果展示】 在DaVinci Resolve 18中，用户可以根据素材与标题字幕的匹配程度，更改标题字体的颜色效果。给字体添加相匹配的颜色，可以让制作的影片更加具有观赏性，原图与效果对比如图8-23所示。

图8-23 原图与效果对比展示

步骤 01 打开一个项目文件，进入"剪辑"步骤面板，如图8-24所示。

步骤 02 在预览窗口中，可以查看打开的项目效果，如图8-25所示。

图8-24 打开一个项目文件 　　　　　　图8-25 查看打开的项目效果

步骤 03 双击V2轨道中的字幕文件，展开"检查器"|"标题"选项卡，单击"颜色"右侧的色块，如图8-26所示。

步骤 04 弹出"选择颜色"对话框，在"基本颜色"选项区中，选择第6排第1个颜色色块，如图8-27所示，单击"OK"按钮，返回"标题"选项卡。更改标题字幕的字体颜色后，在预览窗口中可以查看更改的字幕效果。

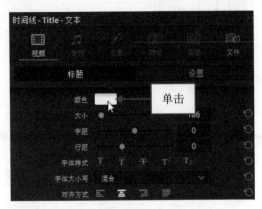
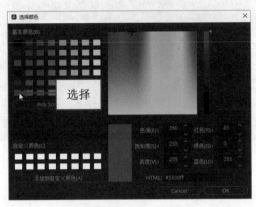

图8-26 单击"颜色"右侧的色块　　　　　　　　图8-27 选择相应的颜色色块

8.1.6 添加标题边框

【效果展示】 在DaVinci Resolve 18中，为了使标题字幕的样式更加丰富多彩，用户可以为标题字幕设置描边效果。下面介绍添加标题边框的操作方法，原图与效果对比如图8-28所示。

图8-28 原图与效果对比展示

步骤 01 打开一个项目文件，进入"剪辑"步骤面板，如图8-29所示。

步骤 02 在预览窗口中，可以查看打开的项目效果，如图8-30所示。

温馨提示

打开"选择颜色"对话框，可以通过4种方式应用色彩色块。

第1种是在"基本颜色"选项区中选择需要的颜色色块。

第2种是在右侧的色彩选取框中选取颜色。

第3种是在"自定义颜色"选项区中添加用户常用的或喜欢的颜色，选择需要的颜色色块即可。

第4种是通过修改"红色""绿色""蓝色"等参数值来定义颜色色域。

图 8-29　打开一个项目文件　　　　　　　　　　　　　　　图 8-30　查看打开的项目效果

步骤 03 双击 V2 轨道中的字幕文件，展开"检查器"|"标题"选项卡，在"笔画"选项区中，单击"色彩"右侧的色块，如图 8-31 所示。

步骤 04 弹出"选择颜色"对话框，在"基本颜色"选项区中，选择第 4 排第 4 个颜色色块，如图 8-32 所示。

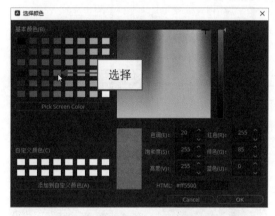

图 8-31　单击"色彩"右侧的色块　　　　　　　　　　　　图 8-32　选择相应的颜色色块

步骤 05 单击"OK"按钮，返回"标题"选项卡，在"笔画"选项区中，按住鼠标左键拖曳"大小"右侧的滑块，直至参数显示为 4，释放鼠标左键，如图 8-33 所示。执行操作后，即可为标题字幕添加笔画边框，在预览窗口中可以查看更改的字幕效果。

图 8-33　设置"大小"参数

8.1.7 强调或突出显示字幕

【效果展示】 在项目文件的制作过程中，如果需要强调或突出显示字幕文本，可以设置字幕的阴影效果。下面介绍制作字幕阴影效果的操作方法，原图与效果对比如图8-34所示。

图8-34　原图与效果对比展示

步骤 01 打开一个项目文件，进入"剪辑"步骤面板，如图8-35所示。

步骤 02 在预览窗口中，可以查看打开的项目效果，如图8-36所示。

图8-35　打开一个项目文件

图8-36　查看打开的项目效果

步骤 03 双击V2轨道中的字幕文件，展开"检查器"|"标题"选项卡，在"投影"选项区中，单击"色彩"右侧的色块，如图8-37所示。

步骤 04 弹出"选择颜色"对话框，选择黑色色块，如图8-38所示。

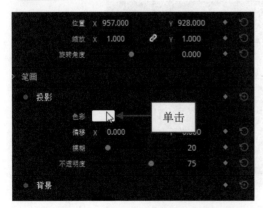

图8-37　单击"色彩"右侧的色块

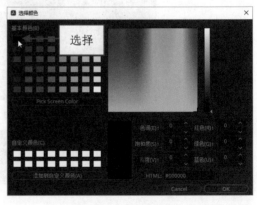

图8-38　选择黑色色块

步骤 05 单击 "OK" 按钮，返回 "标题" 选项卡，在 "投影" 选项区中，设置 "偏移" X参数为31.000、Y参数为5.000，如图8-39所示。

步骤 06 在下方向右拖曳 "不透明度" 右侧的滑块，直至参数显示为100，设置 "投影" 为完全显示，如图8-40所示。执行操作后，即可为标题字幕制作投影效果，在预览窗口中可以查看更改的字幕效果。

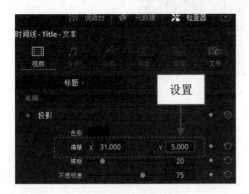

图8-39 设置 "偏移" 参数

图8-40 拖曳滑块

8.1.8 设置标题文本背景色

【效果展示】 在DaVinci Resolve 18中，用户可以根据需要设置标题字幕的背景颜色，使字幕更加显眼，原图与效果对比如图8-41所示。

图8-41 原图与效果对比展示

步骤 01 打开一个项目文件，进入 "剪辑" 步骤面板，如图8-42所示。

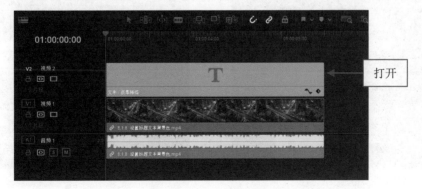

图8-42 打开一个项目文件

步骤 02 在预览窗口中，可以查看打开的项目效果，如图8-43所示。

从零开始学**达芬奇**视频调色 剪辑+校色+美颜+降噪+特效

图8-43 查看打开的项目效果

步骤 03 双击V2轨道中的字幕文件，展开"检查器"|"标题"选项卡，在"背景"选项区中，单击"色彩"右侧的色块，如图8-44所示。

步骤 04 弹出"选择颜色"对话框，在"基本颜色"选项区中，选择第6排第1个颜色色块，如图8-45所示。

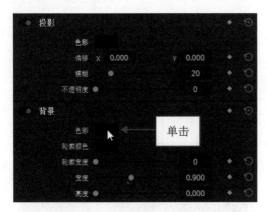

图8-44 单击"色彩"右侧的色块

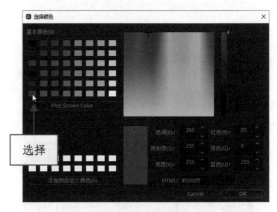

图8-45 选择相应的颜色色块

步骤 05 单击"OK"按钮，返回"标题"选项卡，在"背景"选项区中，设置"宽度"参数为0.321，如图8-46所示。

步骤 06 设置"高度"参数为0.198，如图8-47所示。

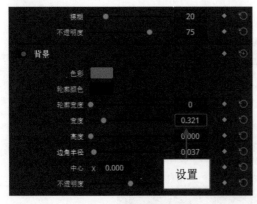

图8-46 设置"宽度"参数

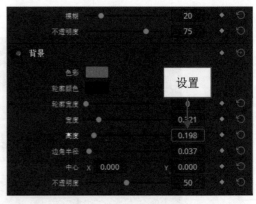

图8-47 设置"高度"参数

步骤 07 在下方按住鼠标左键并向左拖曳"边角半径"右侧的滑块，直至参数显示为0.000，释放鼠标左键，如图8-48所示。执行操作后，即可为标题字幕添加标题背景，在预览窗口中可以查看更改的字幕效果。

158

在DaVinci Resolve 18中，为标题字幕设置文本背景时，需要了解以下几点。

❶ 在默认状态下，背景"高度"参数显示为0.000时，无论"宽度"参数设置为多少，预览窗口中都不会显示文本背景，只有当"宽度"和"高度"参数值都大于0.000时，预览窗口中的文本背景才会显示。

❷ "边角半径"可以设置文本背景的4个角呈圆角显示，当"边角半径"参数为默认值0.038时，4个角呈矩形

图8-48 设置"边角半径"参数

圆角显示，效果如图8-49所示；当"边角半径"参数为最大值1.000时，矩形呈横向椭圆形状，效果如图8-50所示。

图8-49 "边角半径"参数为默认值的呈现效果

图8-50 "边角半径"参数为最大值的呈现效果

❸ 设置"中心"X和Y的参数，可以调整文本背景的位置。

❹ 当"不透明度"参数显示为0时，文本背景颜色显示为透明；当"不透明度"参数显示为100时，文本背景颜色完全显示，并覆盖所在位置下的视频画面。

❺ "轮廓宽度"最大值为30，当参数设置为0时，文本背景上的轮廓边框不会显示。

8.2 制作动态标题字幕特效

在影片中创建标题后，在DaVinci Resolve 18中还可以为标题制作字幕运动效果，可以使影片更具有吸引力和感染力。本节主要介绍制作多种字幕动态效果的操作方法，增强字幕的艺术档次。

8.2.1 制作字幕淡入淡出特效

【效果展示】 淡入淡出是指标题字幕以淡入淡出的方式显示或消失的动画效果。下面介绍制作淡入淡出字幕运动效果的操作方法，希望读者可以熟练掌握，效果如图8-51所示。

步骤 01 打开一个项目文件，在预览窗口中可以查看打开的项目效果，如图8-52所示。

图8-51 制作字幕淡入淡出特效效果　　　　　　　　图8-52 查看打开的项目效果

步骤 02 在"时间线"面板中，选择V2轨道中添加的字幕文件，如图8-53所示。

步骤 03 展开"检查器"|"视频"面板，切换至"设置"选项卡，如图8-54所示。

图8-53 选择添加的字幕文件　　　　　　　　图8-54 切换至"设置"选项卡

步骤 04 在"合成"选项区中，拖曳"不透明度"右侧的滑块，直至参数显示为0.00，如图8-55所示。

步骤 05 单击"不透明度"右侧的关键帧按钮■，添加第1个关键帧，如图8-56所示。

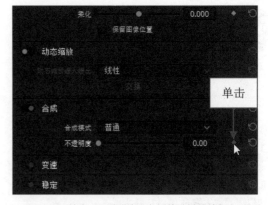

图8-55 拖曳"不透明度"右侧的滑块　　　　　　　图8-56 单击"不透明度"右侧的关键帧按钮（1）

步骤 06 在"时间线"面板中，将时间指示器拖曳至01:00:03:29处，如图8-57所示。

步骤 07 在"检查器"|"视频"选项卡中，设置"不透明度"参数为100.00，即可自动添加第2个关键帧，如图8-58所示。

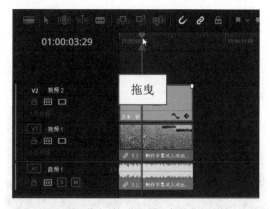

图8-57 拖曳时间指示器至相应位置（1）

图8-58 设置"不透明度"参数

步骤 08 在"时间线"面板中，将时间指示器拖曳至01:00:11:00处，如图8-59所示。

步骤 09 在"检查器"|"视频"选项卡中，单击"不透明度"右侧的关键帧按钮，添加第3个关键帧，如图8-60所示。

图8-59 拖曳时间指示器至相应位置（2）

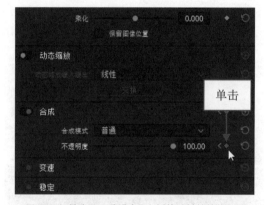

图8-60 单击"不透明度"右侧的关键帧按钮（2）

步骤 10 在"时间线"面板中，将时间指示器拖曳至01:00:12:21处，如图8-61所示。

步骤 11 在"检查器"|"视频"选项卡中，再次向左拖曳"不透明度"右侧的滑块，设置"不透明度"参数为0.00，即可自动添加第4个关键帧，如图8-62所示。执行操作后，在预览窗口中可以查看字幕淡入淡出动画效果。

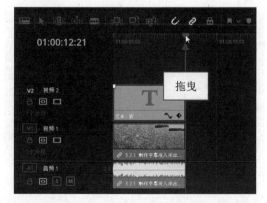

图8-61 拖曳时间指示器至相应位置（3）

图8-62 向左拖曳"不透明度"右侧的滑块

8.2.2 制作字幕放大突出特效

【效果展示】 在DaVinci Resolve 18"检查器"|"视频"选项卡中，开启"动态缩放"功能，可以设置"时间线"面板中的素材画面放大或缩小的运动效果。"动态缩放"功能在默认状态下为缩小运动效果，用户可以通过单击"切换"按钮，转换为放大运动效果，如图8-63所示。

图8-63 制作字幕放大突出特效效果

步骤 01 打开一个项目文件，在预览窗口中可以查看打开的项目效果，如图8-64所示。

步骤 02 在"时间线"面板中，选择V2轨道中添加的字幕文件，如图8-65所示。

图8-64 查看打开的项目效果　　　　图8-65 选择添加的字幕文件

步骤 03 切换至"检查器"|"设置"选项卡，单击"动态缩放"按钮，如图8-66所示。

步骤 04 执行操作后，即可开启"动态缩放"功能区域，在下方单击"交换"按钮，如图8-67所示，在预览窗口中可以查看字幕放大突出动画效果。

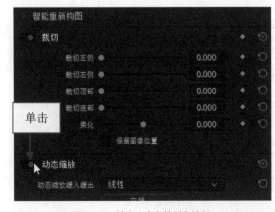

图8-66 单击"动态缩放"按钮　　　　图8-67 单击"交换"按钮

8.2.3 制作字幕逐字显示特效

【效果展示】 在DaVinci Resolve 18的"检查器"|"视频"选项卡中,用户可以在"裁切"选项区中,通过调整相应参数制作字幕逐字显示的动画效果,效果如图8-68所示。

图8-68　制作字幕逐字显示特效效果

步骤 01 打开一个项目文件,在预览窗口中可以查看打开的项目效果,如图8-69所示。

步骤 02 在"时间线"面板中,选择V2轨道中添加的字幕文件,如图8-70所示。

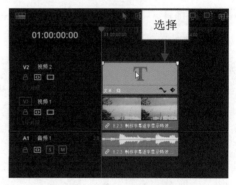

图8-69　查看打开的项目效果　　　　　　　图8-70　选择添加的字幕文件

步骤 03 打开"检查器"|"设置"选项卡,在"裁切"选项区中,拖曳"裁切右侧"右侧的滑块至最右端,设置"裁切右侧"参数为最大值,如图8-71所示。

步骤 04 单击"裁切右侧"右侧的关键帧按钮█,添加第1个关键帧,如图8-72所示。

图8-71　拖曳"裁切右侧"右侧的滑块至最右端　　　图8-72　单击"裁切右侧"右侧的关键帧按钮

步骤 05 在"时间线"面板中,将时间指示器拖曳至01:00:03:02处,如图8-73所示。

步骤 06 在"检查器"|"设置"选项卡的"裁切"选项区中,拖曳"裁切右侧"右侧的滑块至最左端,设置"裁切右侧"参数为最小值,即可自动添加第2个关键帧,如图8-74所示。执行操作后,在预览窗口中

可以查看字幕逐字显示动画效果。

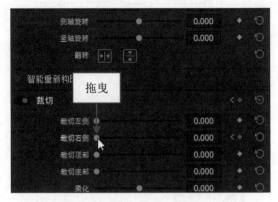

图8-73 拖曳时间指示器至相应位置　　　图8-74 拖曳"裁切右侧"右侧的滑块至最左端

8.2.4 制作字幕旋转飞入特效

【效果展示】 在DaVinci Resolve 18中，通过设置"旋转角度"参数，可以制作出字幕旋转飞入的动画效果，效果如图8-75所示。

图8-75 制作字幕旋转飞入特效效果

步骤 01 打开一个项目文件，在预览窗口中可以查看打开的项目效果，如图8-76所示。

步骤 02 在"时间线"面板中，选择V2轨道中添加的字幕文件，将时间指示器拖曳至01:00:04:00处，如图8-77所示。

图8-76 查看打开的项目效果　　　　　图8-77 拖曳时间指示器至相应位置

步骤 03 打开"检查器"|"标题"选项卡，单击"位置""缩放""旋转角度"右侧的关键帧按钮■，添加第 1 组关键帧，如图 8-78 所示。

步骤 04 将时间指示器移至开始位置，在"检查器"|"标题"选项卡中，设置"位置" X 参数为 672.000、Y 参数为 292.000，设置"缩放" X 参数为 0.870、Y 参数为 0.870，"旋转角度"参数为 -360.000，如图 8-79 所示，在预览窗口中可以查看字幕旋转飞入动画效果。

图 8-78 单击关键帧按钮

图 8-79 设置"位置""缩放""旋转角度"参数

温馨提示

本例为了效果的美观度，除了调整字幕旋转的角度，还设置了字幕的开始位置和结束位置的关键帧，并调整了字幕的"缩放"参数，使字幕呈现出从画面左上角旋转放大飞入的最终效果。除了可以在"检查器"|"标题"选项卡中设置旋转飞入运动效果，还可以在"检查器"|"视频"选项卡的"变换"选项区中进行同样的操作，制作字幕旋转飞入运动效果。

8.2.5 制作电影落幕职员表滚屏特效

【效果展示】 在影视画面中，当一部影片播放完毕后，在片尾处通常会播放这部影片的演员、制片人、导演等信息，效果如图 8-80 所示。

图 8-80 制作电影落幕职员表滚屏特效效果

步骤 01 打开一个项目文件，进入"剪辑"步骤面板，如图 8-81 所示。

步骤 02 在预览窗口中，可以查看打开的项目效果，如图 8-82 所示。

图8-81 打开一个项目文件

图8-82 查看打开的项目效果

步骤 03 展开"标题"|"字幕"选项面板，选择"滚动"选项，如图8-83所示。

步骤 04 将"滚动"字幕样式添加至"时间线"面板的V2轨道上，并调整字幕时长，如图8-84所示。

图8-83 选择"滚动"选项

图8-84 调整字幕时长

步骤 05 双击添加的"文本"字幕，展开"检查器"|"标题"选项卡，在"标题"下方的编辑框中输入滚屏字幕内容，如图8-85所示。

步骤 06 在"格式化"选项区中，设置相应字体、"大小"参数为45、"对齐方式"为居中，如图8-86所示。

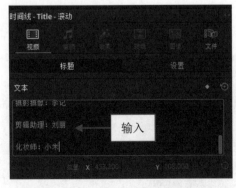

图8-85 输入滚屏字幕内容

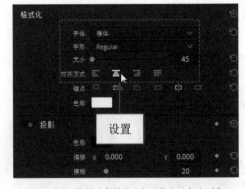

图8-86 设置"字体""大小""对齐方式"

步骤 07 在"背景"选项区中，设置"宽度"参数为0.275、"高度"参数为2.000，如图8-87所示。

步骤 08 在下方向左拖曳"边角半径"右侧的滑块，设置"边角半径"参数为0.000，如图8-88所示。执行操作后，在预览窗口中可以查看字幕滚屏动画效果。

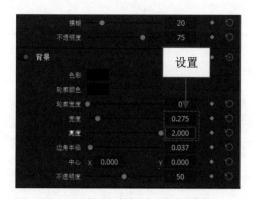

图8-87 设置"宽度"和"高度"参数

图8-88 设置"边角半径"参数

第9章

制作年度总结视频《韵美长沙》

现如今，人们的生活质量越来越高，交通越来越便利，越来越多的人去往各个风景名胜地游玩，在电视上也经常能够看到各地的旅游广告视频。为了吸引更多的游客，拍摄的景点视频通常会进行色彩色调等后期处理。本章主要介绍通过剪辑、调色等后期操作，将20段风景视频制作为一个完整的风景广告视频，给观众带来最佳的视觉效果。

本章重点导航

- 本章重点1——欣赏视频效果
- 本章重点2——制作视频过程

梅溪湖

9.1 欣赏视频效果

年度总结视频是由多个视频片段组合在一起的长视频，因此在制作时要挑选素材，定好视频片段，在制作时还要根据视频的逻辑和分类排序，之后制作效果再导出。在介绍制作方法之前，先欣赏一下视频的效果，然后再导入素材。下面展示效果赏析和技术提炼。

9.1.1 效果赏析

【效果展示】这个年度总结视频是由几十个地点延时视频组合在一起的，因此在视频开头要介绍视频的主题，内容主要介绍每个视频的地点，结尾则主要起着承上启下的作用，效果如图9-1所示。

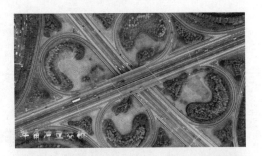

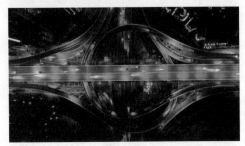

图9-1 《韵美长沙》效果

9.1.2 技术提炼

在DaVinci Resolve 18中,用户可以先建立一个项目文件,然后在"剪辑"步骤面板中,将风景视频素材导入"时间线"面板中,根据需要在"时间线"面板中对素材文件进行时长剪辑,切换至"调色"步骤面板,依次对"时间线"面板中的视频片段进行调色操作。待画面色调调整完成后,为风景视频添加标题字幕及背景音乐,并将制作好的成品交付输出。

9.2 制作视频过程

本节主要介绍年度总结视频的制作过程,包括导入风景视频素材、为风景视频添加字幕、为视频匹配背景音乐及交付输出制作的视频等内容,希望读者可以熟练掌握风景视频的各种制作方法。

9.2.1 导入风景视频素材

在为视频调色之前,首先需要将视频素材导入"时间线"面板的视频轨中。下面介绍具体操作方法。

步骤 01 进入达芬奇"剪辑"步骤面板,在"媒体池"面板中单击鼠标右键,弹出快捷菜单,选择"导入媒体"选项,如图9-2所示。

步骤 02 弹出"导入媒体"对话框,文件夹中显示了多段风景视频,选择需要导入的视频素材,如图9-3所示。

图9-2 选择"导入媒体"选项

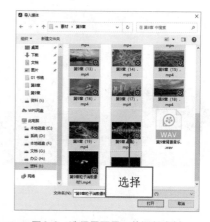

图9-3 选择需要导入的视频素材

步骤 03 单击"打开"按钮，即可将选择的多段风景视频素材导入"媒体池"面板中，如图9-4所示。

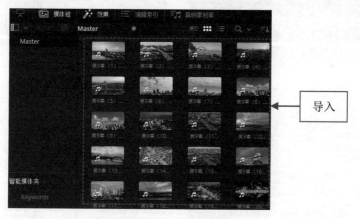

图9-4 导入"媒体池"面板中

步骤 04 选择"媒体池"面板中的视频素材，将其拖曳至"时间线"面板的视频轨上，执行操作后，即可完成导入视频素材的操作，如图9-5所示。

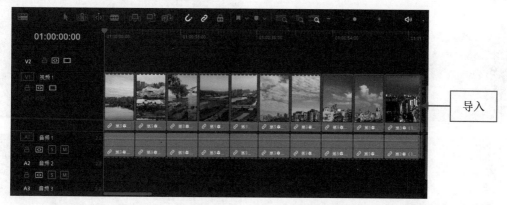

图9-5 完成导入视频素材的操作

步骤 05 在预览窗口中，可以查看导入的视频素材，如图9-6所示。

图9-6 查看导入的视频素材

9.2.2 为风景视频添加字幕

导入素材后，接下来还需要为风景视频添加标题字幕文件，增强视频的艺术效果，下面介绍具体操作方法。

步骤 01 在"剪辑"步骤面板中，展开"效果"面板，在"工具箱"选项列表中，选择"标题"选项，如图9-7所示。

步骤 02 展开"标题"面板，在"字幕"选项面板中，选择"文本"选项，如图9-8所示。

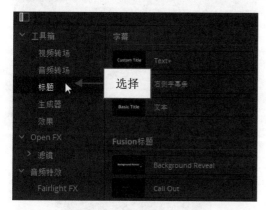

图9-7 选择"标题"选项

图9-8 选择"文本"选项

步骤 03 按住鼠标左键将"文本"字幕样式拖曳至视频1轨道上方，"时间线"面板会自动添加一条V2轨道，在合适位置释放鼠标左键，如图9-9所示。

步骤 04 双击字幕文件，展开"检查器"|"标题"选项面板，在"多信息文本"下方的编辑框中输入文字内容"韵美长沙"，如图9-10所示。

图9-9 添加一条V2轨道

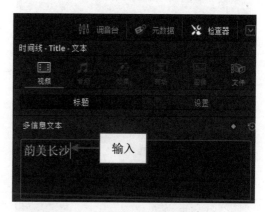

图9-10 输入文字内容"韵美长沙"

步骤 05 在下方的面板中，设置相应字体，如图9-11所示。

步骤 06 设置"大小"参数为184，如图9-12所示。

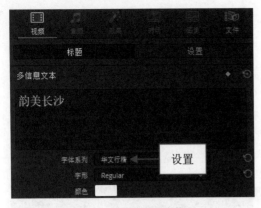

图9-11 设置相应字体

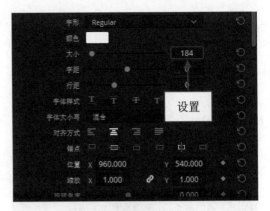

图9-12 设置"大小"参数

步骤 07 选择"媒体池"面板中的粒子消散素材,将其拖曳至"时间线"面板的视频轨上,如图9-13所示。

步骤 08 双击粒子消散素材,展开"检查器"|"视频"选项面板,单击"合成"按钮,在"合成模式"右侧单击下拉按钮,在下拉列表中选择"滤色"选项,如图9-14所示。

图9-13 拖曳至"时间线"面板中

图9-14 选择"滤色"选项

步骤 09 选择文本素材选项,将时间指示器移至开始位置,如图9-15所示。

步骤 10 展开"检查器"|"视频"选项面板,切换至"设置"选项卡,在"裁切"选项区中,设置"裁切右侧"参数为1333.700,单击"裁切右侧"右侧的关键帧按钮 ,如图9-16所示。

图9-15 移至开始位置

图9-16 单击关键帧按钮(1)

步骤 11 将时间指示器移至01:00:00:12处,如图9-17所示。

步骤 12 在"检查器"面板的上方,单击"设置"标签,展开"设置"选项卡,在"裁切"选项区中,设置"裁切右侧"参数为 1143.200,自动添加关键帧,如图 9-18 所示。

图 9-17 移至相应位置(1)

图 9-18 设置"裁切右侧"参数(1)

步骤 13 将时间指示器移至 01:00:00:21 处,如图 9-19 所示。

步骤 14 在"检查器"面板的上方,单击"设置"标签,展开"设置"选项卡,在"裁切"选项区中,设置"裁切右侧"参数为 952.700,自动添加关键帧,如图 9-20 所示。

图 9-19 移至相应位置(2)

图 9-20 设置"裁切右侧"参数(2)

步骤 15 将时间指示器移至 01:00:01:07 处,如图 9-21 所示。

步骤 16 在"检查器"面板的上方,单击"设置"标签,展开"设置"选项卡,在"裁切"选项区中,设置"裁切右侧"参数为 762.100,自动添加关键帧,如图 9-22 所示。

图 9-21 移至相应位置(3)

图 9-22 设置"裁切右侧"参数(3)

步骤 17 将时间指示器移至 01:00:01:17 处,如图 9-23 所示。

步骤 18 在"检查器"面板的上方,单击"设置"标签,展开"设置"选项卡,在"裁切"选项区中,设置"裁切右侧"参数为513.000，自动添加关键帧，如图9-24所示。

图9-23 移至相应位置（4）

图9-24 设置"裁切右侧"参数（4）

步骤 19 将时间指示器移至01:00:03:16处，如图9-25所示。

步骤 20 在"媒体池"面板中，选择第2段粒子消散素材，按住鼠标左键并向右拖曳，至合适位置后释放鼠标左键，选中粒子消散素材，如图9-26所示。

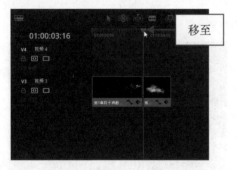

图9-25 移至相应位置（5）

图9-26 选中粒子消散素材

步骤 21 在"检查器"|"视频"选项面板中，单击"合成"按钮，在"合成模式"右侧单击下拉按钮，在下拉列表中选择"滤色"选项，如图9-27所示。

步骤 22 在"变换"选项区中，设置"位置"X参数为218.000、Y参数为71.000，如图9-28所示。

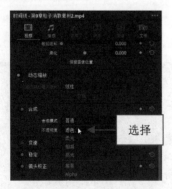

图9-27 选择"滤色"选项

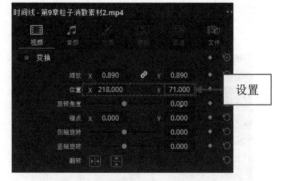

图9-28 设置"位置"参数

步骤 23 选择文本素材选项，将时间指示器移至01:00:03:16处，如图9-29所示。

步骤 24 展开"检查器"|"视频"选项面板，切换至"设置"选项卡，在"裁切"选项区中，设置"裁切左侧"参数为513.000，单击"裁切左侧"右侧的关键帧按钮，如图9-30所示。

图9-29　移至相应位置(6)

图9-30　单击关键帧按钮(2)

步骤 25 将时间指示器移至01:00:04:01处，如图9-31所示。

步骤 26 在"检查器"面板的上方，单击"设置"标签，展开"设置"选项卡，在"裁切"选项区中，设置"裁切左侧"参数为762.100，自动添加关键帧，如图9-32所示。

图9-31　移至相应位置(7)

图9-32　设置"裁切左侧"参数(1)

步骤 27 将时间指示器移至01:00:04:14处，如图9-33所示。

步骤 28 在"检查器"面板的上方，单击"设置"标签，展开"设置"选项卡，在"裁切"选项区中，设置"裁切左侧"参数为967.300，自动添加关键帧，如图9-34所示。

图9-33　移至相应位置(8)

图9-34　设置"裁切左侧"参数(2)

步骤 29 将时间指示器移至01:00:04:21处，如图9-35所示。

步骤 30 在"检查器"面板的上方，单击"设置"标签，展开"设置"选项卡，在"裁切"选项区中，设置"裁切左侧"参数为1172.500，自动添加关键帧，如图9-36所示。

图9-35 移至相应位置（9）

图9-36 设置"裁切左侧"参数（3）

步骤 31 将时间指示器移至01:00:05:05处，如图9-37所示。

步骤 32 在"检查器"面板的上方，单击"设置"标签，展开"设置"选项卡，如图9-38所示。

图9-37 移至相应位置（10）

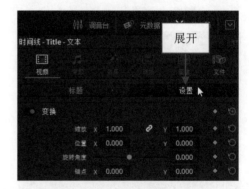

图9-38 展开"设置"选项卡

步骤 33 在"裁切"选项区中，设置"裁切左侧"参数为1348.400，自动添加关键帧，如图9-39所示。

步骤 34 执行操作后，在预览窗口中可以查看添加的第1个字幕效果，如图9-40所示。

图9-39 设置"裁切左侧"参数（4）

图9-40 查看添加的第1个字幕效果

步骤 35 将时间指示器移至01:00:06:00处，如图9-41所示。

步骤 36 在"工具箱"选项列表中，选择"标题"选项，展开"标题"面板，在"Fusion标题"选项面板中，选择相应的选项，如图9-42所示。

图9-41 移至相应位置（11）　　　　　　　　图9-42 选择相应的选项

步骤 37 按住鼠标左键将相应字幕样式拖曳至视频2轨道，在合适位置释放鼠标左键，如图9-43所示。

步骤 38 双击字幕素材，展开"检查器"|"视频"选项面板，在"标题"选项区中，在"Controls"下方的编辑框中输入文字内容"梅溪湖"，如图9-44所示。

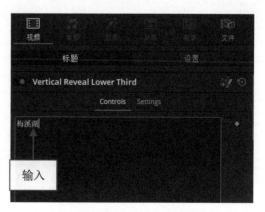

图9-43 拖曳字幕样式至视频2轨道　　　　　图9-44 输入文字内容"梅溪湖"

步骤 39 设置 "Position"（位置）X参数为0.037、Y参数为0.067，如图9-45所示。

步骤 40 选中添加的第2个字幕文件，单击鼠标右键，弹出快捷菜单，选择"复制"选项，如图9-46所示。

图9-45 设置相应参数

图9-46 选择"复制"选项

步骤 41 将时间指示器移至01:00:14:22处，如图9-47所示。

步骤 42 单击鼠标右键，弹出快捷菜单，选择"粘贴"选项，如图9-48所示。

图9-47 移至相应位置（12）

图9-48 选择"粘贴"选项

步骤 43 调整第3个字幕时长与视频素材时长一致，如图9-49所示。

步骤 44 双击第3个字幕文件，切换至"检查器"|"标题"选项卡，修改文本内容为"福元路大桥"，如图9-50所示。

图9-49 调整字幕时长与视频素材时长一致

图9-50 修改文本内容为"福元路大桥"

步骤 **45** 在 "标题" 选项区中，设置 "Position"（位置）X参数为0.153，Y参数为0.111，如图9-51 所示。

步骤 **46** 用同样的方法设置其余的字幕效果，如图9-52所示。

图9-51 设置相应参数　　　　　　　　　　　　　　　　　图9-52 设置其余的字幕效果

步骤 **47** 在预览窗口中，可以查看字幕效果，如图9-53所示。

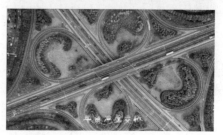

图9-53 查看字幕效果

步骤 48 将时间指示器移至01:02:23:06处，如图9-54所示。

步骤 49 在"工具箱"选项列表中，选择"标题"选项，展开"标题"面板，在"字幕"选项面板中，选择"文本"选项，如图9-55所示。

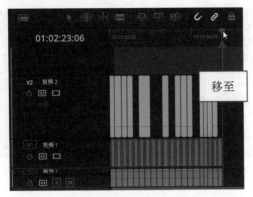

图9-54 移至相应位置（13）

图9-55 选择"文本"选项

步骤 50 按住鼠标左键将文本样式拖曳至合适位置后释放鼠标左键，双击相应字幕文件，切换至"检查器"|"标题"选项卡，修改相应文本内容，如图9-56所示。

步骤 51 设置相应字体，"大小"参数为124，"位置"X参数为960.000、Y参数为540.000，如图9-57所示。

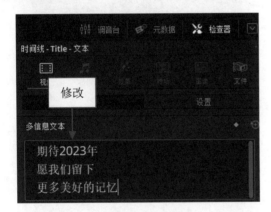

图9-56 修改文本内容

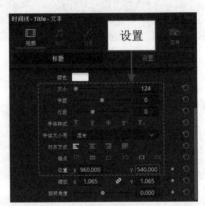

图9-57 设置相应参数

步骤 52 将时间指示器移至01:02:26:21处，在"检查器"面板的上方，单击"设置"标签，展开"设置"选项卡，在"裁切"选项区中，设置"裁切左侧"参数为850.100，自动添加关键帧，如图9-58所示。

步骤 53 将时间指示器移至01:02:27:08处，在"裁切"选项区中，设置"裁切左侧"参数为896.000，自动添加关键帧，如图9-59所示。

步骤 54 将时间指示器移至01:02:27:18处，在"检查器"面板的上方，单击"设置"标签，展开"设置"选项卡，在"裁切"选项区中，设置"裁切左侧"参数为982.000，自动添加关键帧，如图9-60所示。

图9-58 设置"裁切左侧"参数（5）

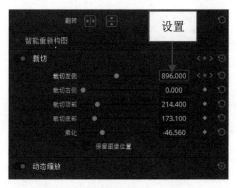

图9-59 设置"裁切左侧"参数(6)

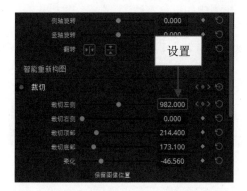

图9-60 设置"裁切左侧"参数(7)

步骤 55 将时间指示器移至01:02:28:04处，在"检查器"面板的上方，单击"设置"标签，展开"设置"选项卡，在"裁切"选项区中，设置"裁切左侧"参数为1011.300，自动添加关键帧，如图9-61所示。

步骤 56 将时间指示器移至01:02:28:11处，在"裁切"选项区中，设置"裁切左侧"参数为1216.500，自动添加关键帧，如图9-62所示。

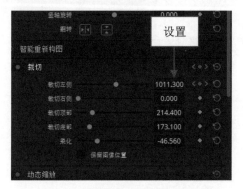

图9-61 设置"裁切左侧"参数(8)

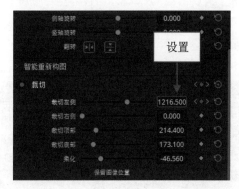

图9-62 设置"裁切左侧"参数(9)

步骤 57 将时间指示器移至01:02:28:19处，在"裁切"选项区中，设置"裁切左侧"参数为1495.000，自动添加关键帧，如图9-63所示。

步骤 58 单击"动态缩放"按钮，在"动态缩放缓入缓出"下拉列表中，选择"缓入与缓出"选项，如图9-64所示。

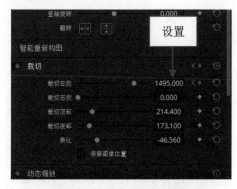

图9-63 设置"裁切左侧"参数(10)

图9-64 选择"缓入与缓出"选项

步骤 59 在预览窗口中，可以查看片尾字幕效果，如图9-65所示。

图9-65　查看片尾字幕效果

9.2.3　为视频匹配背景音乐

标题字幕制作完成后，可以为视频添加一段完整的背景音乐，使影片更加具有感染力，下面介绍具体操作方法。

步骤 01 在"媒体池"面板的空白位置单击鼠标右键，弹出快捷菜单，选择"导入媒体"选项，如图9-66所示。

步骤 02 弹出"导入媒体"对话框，在其中选择需要导入的音频素材，如图9-67所示。

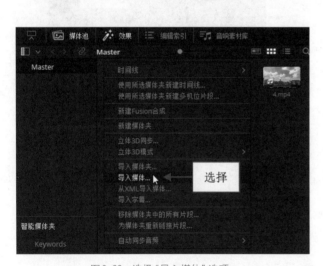 

图9-66　选择"导入媒体"选项　　　　　图9-67　选择需要导入的音频素材

步骤 03 单击"打开"按钮，即可将选择的音频素材导入"媒体池"面板中，如图9-68所示。

步骤 04 选择背景音乐，按住鼠标左键并向右拖曳，至合适位置后释放鼠标左键，如图9-69所示。

图9-68　导入"媒体池"面板中　　　　　图9-69　拖曳至合适位置

步骤 05 在达芬奇"时间线"面板的工具栏中，单击"刀片编辑模式"按钮 ，如图9-70所示。

步骤 06 将时间指示器移至01:02:29:06处，如图9-71所示。

图9-70 单击"刀片编辑模式"按钮

图9-71 移至相应位置（14）

步骤 07 在音频1轨道上单击鼠标左键，将音频分割为两段，选择多余的音频，单击鼠标右键，弹出快捷菜单，选择"删除所选"选项，如图9-72所示，即可删除多余的音频。

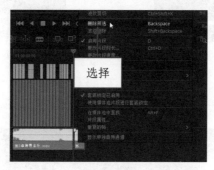

图9-72 选择"删除所选"选项

9.2.4 交付输出制作的视频

待视频剪辑完成后，即可切换至"交付"步骤面板，将制作的成品输出为一个完整的视频文件，下面介绍具体操作方法。

步骤 01 切换至"交付"步骤面板，在"渲染设置"|"渲染设置-Custom Export"选项面板中，设置文件名称和保存位置，如图9-73所示。

步骤 02 在"导出视频"选项区中，单击"格式"右侧的下拉按钮，在弹出的下拉列表中选择"MP4"选项，如图9-74所示。

图9-73 设置文件名称和保存位置

图9-74 选择"MP4"选项

步骤 03 单击"添加到渲染队列"按钮，如图9-75所示。

步骤 04 将视频文件添加到右上角的"渲染队列"面板中，单击面板下方的"渲染所有"按钮，如图9-76所示。

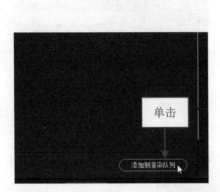

图9-75 单击"添加到渲染队列"按钮

图9-76 单击"渲染所有"按钮

步骤 05 执行操作后，开始渲染视频文件，并显示视频渲染进度，待渲染完成后，在渲染列表中会显示完成用时，表示渲染成功，如图9-77所示。在视频渲染保存的文件夹中，可以查看渲染输出的视频。

图9-77 显示完成用时